8小時人生

培養*90%*的人都欠缺的*CEO*思考，
讓你不再與升遷擦肩而過

擺脫低效員工標籤，
戰勝職場生存遊戲

余亞傑 著

❶ 為什麼你還沒做出成績？
——若你沒有明確定位，自然難以發展。

❷ 你擁有上司的責任感嗎？
——最好的辦法，莫過於將自己當成CEO。

❸ 你的付出和收穫成正比嗎？
——即使有下一次選擇的機會，代價也很有可能超出你的承受能力。

崧燁文化

目錄

目錄

第六章　搞定上司：做個踩準節奏的舞者

第七章　統御下屬：領導力就是大秀個人魅力

目錄

第十一章　八小時裡的人生：自己掌控話語權

第十二章　職場潛規則：你不可能永遠避開權謀遊戲

目錄

前言

　　辦公室是一個沒有硝煙的戰場，你看不到兵刃，聽不到戰鼓，但不代表身邊風平浪靜。

　　身在職場，你有過這樣的經歷嗎？資歷不如你、業績不如你的同事紛紛得到升遷，而你卻被排除在外，得不到應得的回報；誠實守信，謙虛待人的你，被人誤以為是老實可欺，加薪總是與你無關；恪盡職守，勤奮工作的你，卻經常被要好的同事踩在腳下，一次次與升遷擦肩而過……

　　當你壓抑著越來越多的憤怒時，有好事者卻在一邊幸災樂禍。你不禁一遍又一遍地追問，究竟什麼樣的人會升遷與加薪？是那些兢兢業業、埋頭苦幹、超額完成任務的人，還是那些虛情假意、遊手好閒，卻老謀深算、深得老闆信任的人？是實力受到肯定的內部員工，還是來自其他部門或公司的空降部隊？是等著媳婦熬成婆的優秀員工，還是工於心計、竊取他人機會的老滑頭？

　　答案不一而足！如果我們總是從自己的視角來解讀升遷，我們 —— 或者是作為旁觀者，或者是作為利益攸關者 —— 可能會覺得某次升遷或加薪根本就不合情理！所以，我們就自己找出貌似合理的解釋：我沒有被提拔，是因為老闆更器重某一性別、沒有孩子的員工、已婚人士、長相出眾的員工等等。

前言

　　當然，每次升遷的情況都不一樣。管理者可能是在複雜而獨特的資訊基礎上做出決定的。他判斷的標準可能只適用於手頭的某個案例。但總體來說，升遷通常遵循著某種模式——在每一次升遷中，都有一個標準決定著最終的結果。未必在每個單獨的案例中都是這樣，但總體上而言還是遵循著這一準則的。

　　所以，先給你一條最基本的忠告是：做好自己的本職工作！儘管總有那麼一些人靠放冷箭傷人、耍小手段得到升遷，但對絕大多數人來說，工作出色是晉升的基礎。本書以此為基礎，更進一步指出：要想升遷和加薪，僅僅只是做好自己的工作是不夠的。在如今的職場中，按部就班地等待成功的降臨，那麼最終的結果，很可能就是你日復一日、年復一年地做牛做馬，卻徒勞無功。

　　成功不只是要比周圍的人更努力，儘管每一位員工都希望得到既能發揮自己特長、待遇又高的工作，但在現實生活中，這樣兩全其美的好事很難如願。加薪、升遷，既要看一個人的能力和努力程度，又要看上司對他所做工作的認可度，還要看競爭環境對他是否有利，他的職場人緣如何等等。凡此種種不確定因素，都會影響到一個人在職場中的成功。

　　這本書就是想告訴身在職場的人們，要怎樣做才能使自己不斷創「薪」，並獲得穩步升遷。除了找準方向，忠誠、敬業，積極主動、高效做事，與上司、同事和諧相處，充分展現自己，配合團隊行動之外，還要懂得一些晉升之道，這是保障升遷加薪的基本條件。只要你具備了這些基本條件，又能夠在努力的過程中創造晉升機會、把握晉升機遇，那麼升遷加薪就是順理成章的事了。

第一章
做喜歡並擅長的事：方向比努力更重要

人生至善，就是對生活樂觀，對工作愉快，對事業興奮。

—— 布蘭登

立志、工作、成就，是人類活動的三大要素。立志是事業的大門，工作是登堂入室的旅程。這旅程的盡頭有個成功在等待著，來慶祝你的努力結果。

—— 巴斯德

為什麼你還沒有做出成績？

我們先從足球說起。如果你稍稍留意一下就會發現，在任何一場聯賽或什麼世界盃之類的比賽裡面，靠定點球得分的比例，居然總體上會占到 60% 以上。為什麼定點球在足球場上會有如此高的得分率呢？這是因為，發定點球的時候，雙方隊員的位置比較清處，這時如果開定點球的一方講究一些戰術配合和個人技巧，再加上一點點的運氣，那麼這個定點球就極有可能成為一個「得分球」。

同等道理，在職場上，不管在入職前或者入職後，做好自己的職業定位，也非常重要。

入職前，有明確目標和職業規劃的人，在求職時會比較清楚地知道：我想要什麼？我能做什麼？我將做什麼？把握了這些，找起工作來對職位就比較有針對性，同時也不會左顧右盼其他並不匹配的職位，能造成事半功倍的效果。

入職後，有明確職業定位的人，在新公司裡會很清楚地知道自己的職位是什麼？自己的職位職責包括哪些內容？如此一來，就可以避免產生越權處事的行為，同時也會留心在這家企業發展的空間及猜想所需的時間，來補充自己在哪些方面的不足之處，避免在升遷加薪過程中繞遠路。

做自己最喜歡做的事

當你做一件自己喜歡的工作時，所有的待遇薪水、忙碌加班等等都不再是主要問題了，你會充滿激情地想著怎麼去將自己的一切獻給這份工作。這樣的情緒之下，想不快樂都不可能。而快樂的人，會將他的快樂傳染給身邊的每一個人。當快樂在人際中傳播開來，工作的環境就會具有優良的品質。

　　從一個技術工程師，成長為一個傑出的企業經營管理者，百度的李彥宏僅僅用了 9 年時間。當然，其背後是近 40 年的教育和經驗積累。在並不太長的企業經營管理中，李彥宏形成了一套獨特的管理風格和管理理念，這是百度能夠發展到到今天這個規模的重要保障。

　　李彥宏喜歡搜尋引擎，喜歡技術開發，對他來說，做搜尋引擎的技術研發簡直是一種享受。即使做了百度的 CEO 之後，他還將三分之一的時間用在技術研發與產品開發上，他覺得這是自己最喜歡做的工作。

　　每天早上起來，李彥宏做的第一件事不是洗臉刷牙，而是跑到電腦上查看百度各個分類的瀏覽狀況 —— 是漲了還是跌了，如果跌了，那是因為什麼原因跌了。百度的發展成了他人生的全部意義所在，這是他心目中的理想。不管遇到什麼樣的困難或挫折，他總是覺得他在做自己喜歡的事情，而且也是他最擅長的事情。儘管簡訊曾經非常賺錢，遊戲到現在仍然非常賺錢，百度都沒有去做，因為李彥宏的理想並不在那些領域。他喜歡的是透過技術讓更多的人更容易地獲得資訊，讓社會獲得收益。這些年百度沒走什麼彎路，很重要的原因就在於此。李彥宏說：「不論創業還是加入一個公司，要做自己最擅長的事，要做自己喜歡的事，這樣你才無怨無悔，這才是人生真正的意義！」

　　興趣是最好的老師，只有做自己喜歡做的事情，才能興致勃勃，樂此不疲，不管這個過程有多麼艱難。

　　1940 年 10 月 23 日，出生在巴西一個貧寒家庭的比利，是二十世紀最偉大的足球明星之一，被喜愛他的人尊為「球王」。他在足球生涯中共攻進 1281 個球，四次代表國家隊出戰世界盃，三次捧得世界盃（第 6、7、9 屆）。1980 年被歐美 20 多家報社記者評為 20 世紀最傑出的運動員之首，1987 年 6 月他被授予國際足聯金質勳章，1999 年被國際奧運委員會（IOC）推選為

「世紀運動員」。

是什麼造就了歷史上最偉大的球王 —— 比利？

當然，數十年的刻苦訓練，堅毅的品格，非凡的天賦都是比利成為球王的原因之一，但最關鍵的因素卻不是這些。比利說：「我熱愛足球，足球是我的生命！」

執迷不悔的熱愛是推動比利踢球的原動力，在一種與生俱來的興趣的引導下，比利步入綠茵場，成為萬眾矚目的英雄。年輕時，比利當運動員；退役後，他做教練，當評論員。比利以足球為生，足球事業是比利終生的職業。也正是足球給比利帶來了人生的輝煌。

「做自己喜歡做的事」，說起來容易，做起來其實很難，主要有兩大難點：第一就是人往往不清楚自己的需求；第二就是人活在世界上有太多的無奈。也正是因為如此，「做自己喜歡做的事」，在更深層次上講，是對自己的一種挑戰。挑戰自我是我們常掛在嘴邊的一句話，但卻是最難做到的。我們首先要深刻地剖析自己的需求，明確地知道自己每個階段最需要的是什麼。接下來，身邊的各種環境和現實帶給我們的困難和無奈都會成為挑戰自我的障礙，而且這些障礙會成為很多人放棄挑戰自我的藉口。於是，如同浪漫的愛情和幸福的婚姻一樣，自我挑戰成功變得更加難能可貴。

一份令你熱愛的工作可以使你的生活變得更加充實。那麼，你怎麼知道你自己找到了合適的工作呢，看看下面的提示吧，當你找到理想的工作時，

你應該期盼著去工作；

因工作而感到興奮充實（絕大多數時間如此）；

感到你的付出被尊重和賞識；

當向別人描述你的工作時感到自豪；

喜歡並且尊重你的同事；

對未來充滿信心。

職場診療室

適合你的，就是好工作。具體點說，就是能給你帶來你想要的東西的工作。你應該以此來衡量你的工作究竟好不好，而不是拿公司的大小、規模、外商還是國營事業、是不是出名、是不是上市公司來衡量。小公司，未必不是好公司，賺錢多的工作，也未必是好工作。你必須先弄清楚你想要什麼，如果你不清楚你想要什麼，你就永遠無法找到一份好工作。因為你只看到那些你得不到的東西，而你得到的，都是你不想要的。

將自己的優勢最大化

　　人的理想具有多面性，但人在各方面的能力是極不均衡、有弱有強的，不可能什麼都精通；而且人的精力也有限，很難一心多用同時做很多事。因此，在現實生活和工作中，喜歡什麼、想要什麼固然重要，能做什麼和能做成什麼又是我們不得不考慮的另一回事。要想在競爭中獲得生存和發展的權利，最好的方法就是充分利用和發揮自己的資源、優勢，做自己最喜歡也最擅長的事情。

　　只有喜歡是遠遠不夠的，因為一個人可能喜歡很多事情，這也就是人們通常所說的愛好廣泛。但是，並非所有的愛好都是你所擅長的，你只有將自己的優勢最大化、做自己最擅長的事情才會獲得成功。以前文提到的李彥宏為例：

　　李彥宏小時候喜歡唱戲，還曾經考過專業的戲劇學校，長大後還喜歡種菜，但那些僅僅是愛好而已，並非他的專業特長。就他所學專業來說，搜尋

軟體才是他最擅長的，他在搜尋技術上取得過重大突破，對搜尋業務的市場有著清晰而準確的判斷。事實證明，只有做自己最擅長的事情，才能做得好，才能超越常人。

做最擅長的事，不一定是做別人做不了的事，相反，可以更進一步理解為做最簡潔的事、重複做簡單的事；重複做了你當然就擅長了，離成功也就不遠了。成功就是把簡單的事重複做，如果這件事情本來很複雜，那就先把它簡單化，然後再重複去做。可遺憾的是，沒有多少人願意反覆地去做那些簡單的事，因此，成功只屬於少數人。

對很多人來說，發現自己擅長做什麼，是一件比較困難的事情。事實上，很少有人在沒有經歷任何挫折和痛苦的情況下，就表現出偉大的天賦與非凡的才能來。

英國作家塞繆爾·斯邁爾斯早年從事著一種完全不適合他的天性的職業，然而，他非常虔誠地去從事這一工作，這些經歷對他日後的作家生涯發揮了很大的作用；無論是林肯還是羅斯福，都不是從嬰兒時就有入主白宮的早熟特徵或駕馭人的天賦。因此，沒有人會因為自己在搖籃裡沒有收到巨大的禮物餽贈而感到失望。

盡力做好手頭的每一件工作，並且按照內心的天賦所指引的方向抓住每一個重大的機會，你會最終找到自己最擅長的領域，從而不斷進步。

根據人力銀行一項調查，有 28% 的人正是因為找到了自己最擅長的職業，才徹底地掌握了自己的命運，並把自己的優勢發揮到淋漓盡致的程度。這些人自然都跨越了弱者的門檻，邁進了成大事者之列；相反，有 72% 的人正是因為不知道自己的優勢，總是別彆扭扭地做著不擅長的事，難以脫穎而出，更談不上成大事了。

有這樣一句話曾經廣泛流傳：沒有哪一個認識到自己天賦的人會成為

無用之輩；也沒有哪一個出色的人在錯誤地判斷自己天賦時能夠逃脫平庸的命運。

如果你用心去觀察那些成大事者，幾乎都有一個共同的特徵：不論聰明才智高低與否，也不論他們從事哪一種產業、擔任何種職務，他們都在做自己最擅長的事。

從很多例子可以證明，一個人的「成就」來自於他對自己擅長的工作的專注和投入。只有無怨無悔地付出努力和辛勞，才能享受甘美的果實。

一位知名的經濟學家曾經引用三個經濟原則做了貼切的比喻。他指出，正如一個國家選擇經濟發展策略一樣，每個人都應該選擇自己最擅長的專業，做自己專長的事情，才能勝任，才會愉快。換句話說，當你在與別人相比時，不必羨慕別人，你自己的專長對你才是最有利的，這類似於經濟學所強調的「比較利益」。這是第一原則。

第二個是「機會成本」原則，一旦自己做了選擇之後，就得放棄其他的選擇，兩者之間的取捨就反映出這一工作的機會成本。你了解這一點後必須全力以赴，增加對工作的認真度。

第三是「效率原則」。工作的成果不在於你工作時間有多長，而是在於成效有多少，附加值有多高。如此，自己的努力才不會白費，才能得到適當的報償與鼓舞。

一個人做自己擅長的事，腳踏實地是做成大事的另一法寶。每個人在年輕的時候都會立志，有的人想當科學家、發明家或者大文豪，個個看起來志向遠大，皆為成大事者之夢。年輕人難免都會「崇拜偶像」，希望找到學習的典型，但不是每個人都能當科學家、發明家。培養一技之長，一步一步去積累自己的個人資本，才是邁向成功之路的關鍵所在。

不必懷疑這個世界是任由你去創造的，真正的成功是在於出色地履行自

己的職責、扮演好自己的角色，這一點是每一個人都能夠做到的。做一個一流的搬運工也要比做一個二流的其他角色強。就像馬修阿諾德說的那樣，「寧可做鞋匠中的拿破崙、清潔工中的亞歷山大，也不要做根本不懂法律的平庸律師。」

富蘭克林曾說，有事可做的人就有了自己的事業，而只有從事天性擅長的職業，才會給他帶來利益和榮譽。人生是一個多項選擇的過程，在各種選擇中找到自己的強項，是非常有必要的。

> **職場診療室**
>
> 如果你的天賦和內心要求你從事木工工作，那麼你就做一個木匠；如果你的天賦和內心要求你從事醫學工作，那麼你就做一個醫生。堅信自己的選擇並進行不懈地努力，你就一定能夠成功。但是，如果你沒有任何內在的天賦，或者內在的呼聲很微弱，那麼，你就應該在你最具適應性的方面和最好的機會上慎重地做出選擇。

知道自己的目標在哪裡

1970 年，美國哈佛大學對當年畢業的「天之驕子」們進行了一次關於人生目標的調查：27% 的人沒有目標；60% 的人目標模糊；10% 的人有清晰但比較短期的目標；3% 的人有清晰而長遠的目標。

1995 年，即 25 年後，哈佛大學再次對這批 1970 年畢業的學生進行了跟蹤調查，結果是這樣的：3% 的人，25 年間他們朝著一個既定的方向不懈努力，幾乎都成為社會各界的成功人士，其中不乏產業領袖、社會菁英；10% 的人，他們的短期目標不斷實現，成為各個產業、各個領域中的專業人士，大都生活在社會的中上層；60% 的人，他們安穩地生活與工作，但都沒

什麼特別突出的成績，他們幾乎都生活在社會的中下層；剩下 27% 的人，他們的生活沒有目標，過得很不如意，並且常常在抱怨他人、抱怨社會、抱怨這個「不肯給他們機會」的世界。

其實，他們之間的差別僅僅在於：25 年前，他們中的一些人知道自己的人生目標，而另一些人不清楚或不是很清楚自己的人生目標。在正確界定自己的優勢後，接下來你需要根據自己的優勢設定你的人生目標。設定明確的目標對於每一位職場中人都相當重要。

為了最終達成目標，目標設定可以按遠期、中期、短期來進行，對短期目標還需要分解成一系列具體的、明確的小目標，這樣才有利於一步一步地實現每一階段的目標。

沒有人生的目標，猶如一艘航行在汪洋大海上的孤舟，沒有航向，隨時都可能被海浪打翻，被大海吞沒。職場也是如此，它是人生的一部分，而且是最重要的一部分，人生的三分之二的時間都是在職場上度過的。在職場上如果沒有目標，那麼你人生的重要組成部分也就荒廢了。

職場中人，尤其是年輕人，如果對自己沒有很清晰而準確的職場定位，往往很容易就陷入眼高手低的困惑中。職場定位是一個認識自己同時也是對自己的未來進行規劃的過程，如果自己無法把握，可以請專業的職業顧問一起為自己把脈診斷。人生不可能只有一次選擇，職場定位也不可能一次成型，重要的是，當你選擇了發展的方向時，就應該努力去實現它，而不是這山望著那山高。

盲人騎瞎馬急匆匆趕路的結果你肯定知道吧？他不但不會順利地到達目的地，還很有可能會陷入泥坑或掉下懸崖 —— 因為他看不到目標。無論做任何事情，沒有明確的目標或者偏離目標都無法達到預期的效果。在職場上，找不到人生坐標的人，如同水上浮萍，整日飄忽不定，終究難以成就大事；

而對自己未來有準確定位的人，則會始終如一地朝著目標前進，使自己少走一些彎路，少做一些無用功。事先對自己即將從事的職業和自己的未來目標有一個恰如其分的定位，是讓初涉職場的新人在職場的腳步邁得穩重踏實、業績得到迅速提高的最簡便有效的方法。

其實，不管是人生目標還是職場定位，你首先要做的事情就是對自己進行自我審視和調查圈點。

調查圈點的大致內容主要包括下面五個方面：

一、性格特點

你屬於什麼性格的人？有什麼特點？是屬於開拓創新型、冷靜理智型、穩重護衛型，還是完美理想型？當然，你還要注意，你可能是多重性格的人，也可能因對某人某事的一時情緒化而使觀點發生偏離，但你只要把握住大方向就可以了。

二、個人愛好

你的興趣、愛好是什麼？更側重於哪個方面的發展？古人有句名言，叫「知之者不如好之者，好之者不如樂之者，樂此不疲。」你是對科技含量高的工作感興趣，還是對機械製造方面感興趣呢？你是樂於競爭激烈的市場銷售，還是鍾情於管理控制呢？如果把你的目標和興趣、愛好結合起來，你會更有實現目標的欲望和衝動，更能順利地將這些目標變成你想讓它成為的現實。

三、自身儲備

你的資本儲備是否豐富？這裡所說的資本儲備內容涵蓋很多，比如說你的家庭財產是否雄厚，你的家庭成員是否能提供強有力的支持，你的學識

是否夠用，你的才智是否聰慧，你的人脈資源是否廣泛可靠等等，都要加以考慮。

四、可操作性

你所確立的目標是不是具有可操作性？是不是符合實際情況？你應該知道，過高的目標，比如你想在一年內發財，資產要超過比爾蓋茲，或在兩個月內當上集團公司的老闆，這顯然是不現實的，那是空中樓閣；而目標過低，容易實現，也就失去了它存在的意義。在這一點上，要切實掌握好分寸。

五、是否具有可持續性

大目標雖然可以由若干個小目標或短期計劃組成，但它們必須要緊緊圍繞大目標來運作，能為你的大目標服務。這就要求你的大目標一定要具有固定性和長遠的可持續性，不至於因小事的干擾而總是改來改去。

透過上面五個方面的綜合評定，你就會對自己有個全新而準確的認識：你的優勢在哪裡？劣勢又在什麼地方？這樣，你就可以對自己的職業生涯作一個科學合理的總體規劃。明確的目標和詳細的規劃，會在以後的職場生涯中發揮出事半功倍的效果。事實上，在這個世界上根本就沒有全才，每個人都不是全能的，清楚地了解自己能幹什麼，不能幹什麼，這一點非常重要。

職場診療室

我們時常會看到這樣一些人，他們性格內向，不善於和人交談，但卻時時想要在眾人面前表現自己善談，結果卻得不償失。其實，每份工作對人的要求都是不一樣的，各有各的特點，最主要的就是要找到最適合自己的，表現自己最好的一面。想要挑戰自己的不足，是一件勇氣可嘉的事，但如果能夠在自己的優勢上挑戰自己，效果會更好，必然也會更加出色。行行都能出菁英，為什麼總是去羨慕別人的優點，而不重視自己的優點呢？

發現自己的真正價值

一個人在工作中，只有在追求「自我實現」的時候，才會迸發出持久強大的熱情，才能最大限度地發揮自己的潛能，也只有這樣才能創造出更輝煌的業績，從而最大程度地實現自我的人生價值。

富比士 2021 年富豪榜顯示，微軟總裁比爾蓋茲的財產淨值達到了 1240 億美元。如果他和他的家人每年用掉一億美元也要 1240 年才能用完這些錢，這裡還不包含這筆巨款帶來的巨額利息收入。那他為什麼還要每天積極的投入工作？

著名電影導演史蒂芬史匹柏的財產淨值猜想為 37 億美元，雖沒有比爾蓋茲那麼富有，但也足以讓他在餘生享受十分優裕的生活，但他為什麼還要不停地拍片呢？

美國 Viacom 公司董事長薩姆納·雷德斯通在 63 歲時才開始著手建立一個很龐大的娛樂商業帝國。63 歲，在多數人看來是頤養天年的時候，他卻在此時做了很重大的決定，讓自己重新回到工作中去，而且，他總是一切圍繞

Viacom 轉，工作日和休息日、個人生活與公司之間沒有任何的界限，有時甚至一天工作 24 小時。

這樣的工作拚勁，他們是從哪裡得來的？那就是實現自己的人生價值，創造更大的輝煌。

在我們的生活中，這樣的例子舉不勝舉。那些擁有了巨額「薪水」的成功人士，不但每天積極投入工作，而且工作得相當賣力。難道他們是為了錢嗎？

如果不是，那他們為了什麼？

關於這個問題，我們或許可以在薩姆納·雷德斯通的話裡找到答案，他說：「實際上，錢從來不是我的動力。我的動力是對於我所從事的工作的熱愛，我喜歡娛樂業，喜歡我的公司。我有一種願望，要實現生活中最高的價值，盡可能地實現。」

是的，正是這種自我實現的熱情，使他們熱衷於他們所做的事業，使他們在事業取得巨大成功後，仍然一絲不苟地熱衷於他們的事業。他們就像一個冠軍獎章掛滿全身的運動員，儘管已經知道自己超出對手很遠，但永遠不會停下來休息，他們是在享受自己創造出來的速度，而並非單純為了名和利。很多的時候，他們是想透過創造更輝煌的業績，取得更多的成功，來實現自己的人生價值。

對此，有心理學家發現，對很多人而言，金錢在達到某種程度之後就不再誘人了。因為金錢終究只是為生活服務，而人生的追求不僅僅只是滿足生存需要和物質的享受，還有更高層次的精神需求。根據馬斯洛的需求層次理論，人對自我實現的需求層次最高，動力也最強。

一個自我實現意識很強的人，往往會把工作當作是一種創造性的勞動，竭盡全力去做好它，創造出更出色的業績，使個人價值得到完美和最大限度

的實現。一個將工作視為實現自我價值的人，在工作中發揮出最大的才華、能力和潛在素養，不斷自我創造和發展，他就滿足了自我實現的需要。

當然，我們談的不是瞬間的自我實現，而是可以驅使一個人達到不凡成就的自我實現，這種自我實現需要一種熱情，一種對事業前程的持久熱情。創造更多的業績是為了擁有更多的成功，是為滿足「自我實現」這一人類最高需求。所以，對工作應該保持持久的熱情，在築夢者和成功者當中，這種熱情卻像空氣般普遍。

我們常說，熱情是夢想飛行的必備燃料。熱情驅使著世界上每一位最傑出的人，他們為追求「自我實現」，而在他們迷戀的領域裡到達人類成就的巔峰，推動著社會和時代的進步。讓我們也擁有這種熱情吧！讓它持久地在工作中為你積蓄力量，創造輝煌的業績，實現自我吧。如果你還沒有達到自我實現的層次和境界，你也不要麻痺自己 —— 認為自己工作就是為了賺錢。不要對自己說：「既然老闆給的少，我就少幹一些，沒必要費心地去完成每一個任務。」或者安慰自己：「算了，我技不如人，能拿到這些薪水也知足了。」你應該牢記，金錢只不過是許多種報酬中的一種，你所追求的是自我提高，你必須充滿熱情地去工作，正如你必須充滿熱情地去生活。

缺乏熱情會讓你消沉，消極的思想會讓你看不到自己的潛力，對自己缺乏信心會讓你喪失前進的動力，不珍惜工作機會會讓你浪費更多寶貴的時間，失去自我會讓你與成功失之交臂，永遠無法實現自我的人生價值。因此，我們只有創造出更多輝煌的業績，才能擁有成功，實現自己的人生價值。

職場診療室

一個人在工作中，只有在追求「自我實現」的時候，才會迸發出持久強大的熱情，才能最大限度地發揮自己的潛能，也只有這樣才能創造出更輝煌的業績，從而最大程度地實現自我的人生價值。

重視工作才有好業績

一個人只有重視自己的工作，才會為這份工作付出心血和汗水。只有堅持不懈地努力工作，才能做出更大的成績，才會得到更多的升遷機會、更多的薪水、更多的權益，以及更多的發展空間。相反，一個對自己工作馬馬虎虎，認為自己的工作很卑微，沒有前景，之所以每天去工作只是為了餬口，對工作缺乏熱情，甚至消極怠工，工作自然不會使你成功。同樣，如果你認為自己能力有限，不能承擔重任，因此在工作上只是不馬虎行事，而從不去積極進取，那這些想法就注定你只能成為公司的二流員工，平平庸庸地過一輩子，不可能做出出色的成績。

曾任通泰電子集團執行長的約翰·克林斯頓在向別人介紹他的成功經驗時說：「我並不認為自己有多麼優秀，我只是經常對自己的員工強調：在公司中無論你是什麼身分，幹著什麼樣的工作，是 CEO，還是普通員工，都必須記住一點——否定自己的努力是個巨大的錯誤，只有看重自己所從事的工作才會有發展。」

因此，一個人尊重自己的工作其實就是尊重自己。

阿泰是一家汽車修理廠的修理工。從進廠第一天起，他就開始喋喋不休地抱怨：修理這活太髒了，沒本事的人才會做這樣的工作，一天到晚累個半死，渾身上下沒一處乾淨地方，真是丟死人了。

如此一來，阿泰每天都在這種抱怨和不滿的心情中度過。他認為自己的工作是一份很低等的工作，只是日復一日地在為一點可憐的薪資出賣勞力，他慢慢學會了消極怠工。當那些同他一起進廠的同事將眼光緊盯著師傅手上的「工作」時，他卻窺視著師傅的眼神和舉動，稍有空隙便偷懶摸魚，應付手頭的工作。

　　幾年過去了，當時同他一起進廠的三位同事，各自憑著自己的手藝和工作的拚勁，或升遷做了他的上司，或另謀高就有了自己的事業，或被公司送進大學進修，只有他，仍舊在抱怨聲中，做著他自己蔑視的修理工。

　　阿泰的行為所導致的結果難道僅僅只是一種偶然嗎？相反，這是一種必然。作為員工，你不要幼稚地認為你對工作的敷衍卸責，會瞞得過老闆的視線。老闆們或許並不了解每個員工的具體表現，熟知每一項工作的細節，但他能做為你的老闆，或者因為經驗，或者因為曾經在某方面做出卓越的成績，總之他一定有超出常人的能力和見識。你輕視他給你的工作，他自然也會根據你對工作態度，來設定你在公司的未來。這一點，天經地義，確鑿無疑。

　　其實在我們身邊，阿泰這樣的人並不少見，他們不尊重自己的工作，不將工作看成是創造人生事業的必由之路和展示自我價值的平台，而把它視作衣食住行的供給工具，認為工作是生活的代價，是無可奈何、不可避免的勞碌。這樣的錯誤觀念將他們的人生和事業都定格在一種永遠被動的生活方式裡，使他們不願意奮力崛起，努力改善自己的生存環境。對他們來說，只有體面的工作才是真正的工作，只有從事高薪的工作才能使自己致富。豈不知任何偉大的工程都始於一磚一瓦的堆積，任何耀眼的成功也都是從一跬一步中開始的。這一磚一瓦、一步一腳印的累積，需要在工作中以盡職盡責的精神去一點一滴地完成。

　　好職位、好工作人人趨之若鶩，卑微瑣碎的工作人人唯恐避之不及。但好工作和好職位是從哪裡來的呢？什麼樣的工作才算是卑微瑣碎的呢？

　　喬治和凱文是同班同學，兩個人大學畢業後，恰逢經濟不景氣，都找不到適合自己的工作，便降低了要求，到一家工廠去應徵。這家工廠剛好缺少兩個打掃環境的清潔工，問他們願不願意做。喬治略一思索，便下定決心接受這份工作，因為他不願意依靠領取失業救濟金生活。

　　儘管凱文根本看不起這份工作，但他願意留下來陪喬治一塊工作一陣子。因此，他上班懶懶散散，每天打掃環境時敷衍了事。老闆認為他們剛從學校畢業，缺乏鍛鍊，再加上恰逢經濟蕭條，也很同情這兩個大學生的遭遇，便原諒了凱文。然而，凱文內心深處對這份工作抱有很強的牴觸情緒，每天都在應付自己的工作。結果，剛做滿了三個月，他便徹底斷絕了繼續做這份工作的念頭，辭了職，又回到社會上，重新開始找工作。當時，各家公司都在裁員，哪兒又有適合他的工作呢？他不得不依靠失業救濟金生活。

　　相反，喬治在工作中，拋棄了自己作為大學生 —— 高等學歷擁有者的身分，完全把自己當做一名打掃環境的清潔工，每天把辦公走廊、工廠場地打掃得乾乾淨淨。半年後，老闆便安排他給一些高級技工當學徒。因為工作努力，勤奮好學，一年以後，他成為了一名技工。儘管如此，他依然抱著一種積極的態度，在工作中不斷學習努力進取。又過了兩年，經濟低迷的局面稍稍好轉後，他便成為了老闆的助理。而凱文，此時才剛剛找到一份新工作，在一家工廠當學徒。但是，他認為自己是高等學歷擁有者，應該屬於白領階層。結果，他在新工作職位上，仍然把工作搞得一塌糊塗，終於在某一天又回到街頭，再次尋找工作。

　　著名的管理諮詢專家蒙迪斯‧斯泰爾在為《洛杉磯時報》所撰寫的專欄中曾經說：「每個人都被賦予了工作的權利，一個人對待工作的態度決定了

這個人對待生命的態度，工作是人的天職，是人類共同擁有和崇尚的一種精神。當我們把工作當成一項使命時，就能從中學到更多的知識，積累更多的經驗，就能從全身心投入工作的過程中找到快樂、發現機會，取得成功。當然，擁有這種工作態度或許不會有立竿見影的效果，但可以肯定的是，當『輕視工作』成為一種習慣時，其結果可想而知。工作上的日漸平庸雖然表面上看起來只是損失了一些金錢和時間，但是對你的人生將留下無法挽回的遺憾。」

> **職場診療室**
>
> 一個重視自己工作的人，無論職位多麼平凡，無論工作多麼瑣碎和不起眼，他都會當成鍛鍊自己的機會，在工作上肯定會做出出色的業績，從而得到老闆的賞識和青睞，根本無需為他的未來擔心。平凡的是工作職位，平庸的是工作態度。無論你從事的工作多麼瑣碎，都不要看不起它。要知道，所有正當合法的工作都是值得尊敬的。只要你誠實地勞動，沒有人能夠貶低你的價值，你在工作中所能收穫到的一切，完全取決於你對工作的態度。

讓自己變得不可替代

塞內加曾說：「只有少數人以理性指導生活。其他人則像湍流中的泳者 —— 他們不確定自己的航程，只是隨波逐流。」

兩匹馬各拉一輛大車。前面的一匹走得很好，而後面的一匹常停下來東張西望，顯得心不在焉。於是，人們就把後面一輛車上的貨挪到前面一輛車上去。等到後面那輛車上的東西都搬完了，後面那匹馬便輕快地前進，並且對前面那匹馬說：「你辛苦吧，流汗吧，你越是努力幹，人家越是要折磨你，

真是個自找苦吃的笨蛋！」

　　來到車馬店的時候，主人說：「既然只用一匹馬拉車，我養兩匹馬幹嘛？不如好好地餵養一匹，把另一匹宰掉，總還能拿到一張皮吧。」於是，主人把這匹懶馬殺掉了。

　　把馬換成人，僱主當然不會把不稱職的員工殺掉，但他肯定會解僱他。而剩下的那匹馬，似乎表現得是「自討苦吃」，但後來卻成為了主人不可替代的拉車馬匹。

　　如果你在公司裡是無可代替的，如果別人誰都無法將你的工作做到跟你一樣好，那麼主管可能不重用你嗎？你會找不到實現自己價值的舞台嗎？或許你正在抱怨無法得到認可，並為此自怨自憐，其實，「優勝劣汰，適者生存」才是真正的公平。如果別人能成功，那麼問題就只能出在自己身上了。不能獲得成功，不能實現自己價值，不要去抱怨別人，任何為自己推脫的理由都是自欺欺人，這只能說明自己的心態是多麼的不成熟。別總抱怨自己沒有展示的舞台，要先問問自己是否有優美的舞姿。

　　公司的利益與員工的利益是一致的，公司是員工實現自身價值的載體，如果我們能為公司創造更大的價值，老闆自然不會視而不見。我們應該學會換位思考，多從老闆的角度來考慮問題。你所具有的工作能力和工作態度，不但與你的工作業績有很大關係，而且對於你的個人品格也有重要影響。透過觀察工作結果，就可以知道一個人的人格特徵，也就是說，只要看一個人所做的工作，就如見其人。

　　一個人無論從事什麼職業或在哪個領域工作，他都有讓自己多做一些事情的機會。我們可以選擇敷衍了事，也可以選擇把事情做到最好，我們永遠不知道誰正在注視著這一切。格蕾絲‧莫里‧赫柏便是一例。

　　赫柏是一名從事電腦程式設計工作的設計師。以前電腦程式代碼只能用

數字或者二進制碼來編寫，這使得寫碼和改錯非常困難和枯燥。她開始懷疑為什麼代碼必須是數字，並提出一種完全不同的方案。

雖然公司同事都覺得她瘋了，認為肯定行不通，但她還是堅信可以找到更好的方法。最後，她發明了電腦編程語言 COBOL，終於把那些無數單調乏味的數字變成了英文單字。這是個驚人的突破，她因此成為獲得《電腦科學》年度獎的第一位女性。

赫柏所做的事情並沒有誰來指派，也不是她職位職責的一部分，但她就是做了，並取得了傲人的成就。她的努力不僅給社會，也給自己帶來了巨大的收穫。她在工作中實現了自己的價值，也使自己成為這一領域不可替代的員工。

無論你目前從事哪項工作，每天都要使自己有機會在正常的工作範圍之外，做一些對他人、對社會有價值的工作。當你付出的比別人預期的更多時，人們便會注意到你，你也會因此得到意想不到的收貨。當你發現自己的工作量越來越多時，其實是應該高興的事，這證明了自己已完全勝任了這個工作職位，並且成為公司裡不可或缺的一員。能得到老闆重用的員工，大多有自己固定的工作範圍，別人不能輕易取代。

如果你能做到不可替代，那麼即使走出現在的公司，社會也會需要你的不可替代性，因為你的價值是社會認可的，而不僅僅是公司認可，就像黃金的價值一樣，不因為國別的不同而有太大的差別。

你還在為不能實現自己的「壯志」而鬱鬱寡歡嗎？你確定你不是在為自己找藉口嗎？不要太在乎你所處的「小環境」，要以社會為「大背景」來提升自己，讓自己變得不可替代。讓社會認可自己，不要再侷限於自己的內心，不要再侷限於所處的環境。

優秀人才總是為社會所需要。你能給自己最好的推薦就是以正確的心態

做出最優秀的工作。如果你能找出更好更有效率的辦事方法，你就能提升自己在老闆心中的地位。老闆會邀請你參加公司決策會議，你將會被調升到更高的職位，因為你已變成一位不可取代的重要人物。

職場診療室

如果你在能力上不能做到無可替代，那麼你可以在勤奮上做到不可代替，不畏艱辛，無怨無悔，讓自己的工作使公司受益；如果你還不能運籌帷幄、把握大局，那麼就讓自己多注重細節；如果你現在沒有能力做成大事，那麼不妨先從每一件小事做起。

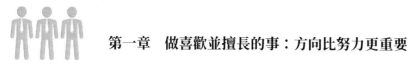

第二章

抱有 CEO 的心態：這是 90% 的人都欠缺的

偉大的工作，並不是用力量而是用耐心去完成的。

—— 美國第 17 任總統安德魯 · 詹森

工作要攆跑三個魔鬼：無聊、墮落和貧窮。

—— 法國哲學家伏爾泰

你有上司的責任感嗎？

現在的一切都是暫時的，也許你現在工作勞累，薪水微薄，只能待在公司大廈的最底層 —— 但這都不是重點，關鍵是你的心態。任何員工要想靠工作態度得到賞識，最好的辦法莫過於在工作中把自己當成 CEO，像 CEO 那樣去思考，去做事，並承擔責任。

沒有責任感，就難以證明自己在這個世界上的價值。一個有責任心的人，才能讓別人信任，才有可能被賦予更多的使命，才有資格獲得更大的榮譽，才能打開成功之門；缺乏責任感的人，首先失去了社會對自己的基本認可，其次失去了別人對自己的信任與尊重，最後會失去自己的安身之本 ——信譽和尊嚴。

千萬記住，如果你只把自己當成員工，當一天和尚敲一天鐘，那麼你這輩子都只能是一名普普通通的員工；如果你時刻把自己當成 CEO，把該做的事情做好，其他的事情小心地去嘗試，別人需要幫助的時候熱心上前，那麼你遲早會成為 CEO。

負責任，可以讓你問心無愧地面對任何人。扛著肩上的責任，扛著生命的信念，才能堅強勇敢地到達成功的彼岸。

站在公司立場上看問題

公司是一個整體，由各個部門組成，無論離開哪個部門，它都不會正常的運轉。而各個部門離開了公司這個大環境，也就失去了存在的意義。個人和公司是一體的，公司的成長離不開個人，個人的進步也離不開公司。雖然我們各自有分工，但都是為了這個公司服務，因此，大家所做的每一件事情都是相互關聯的，需要相互關心、相互負責，而不能只滿足於做好分內的工

作，不管其他的事情。

約翰自從大學畢業後進入公司已經七年了，他的上司很器重信任他，並派他到非洲開拓市場。為了不辜負上司的信任，他毫無怨言地離開美國，去了那片陌生而又不發達的土地。

在非洲，約翰努力克服水土不服、生活不習慣等問題，盡力展開工作。這時他發現，一個人遠離了公司是多麼的勢單力薄！為了開拓非洲這片空白的市場，他不僅要忍受孤獨寂寞，還要承受每日的辛勞和疲於奔命。他不僅要代表公司去談業務，還要親自去碼頭取貨、送貨，每天忙得顧不到三餐。可是他沒有一句怨言，把這一切當作了總部對他的培養和鍛鍊。

然而，在非洲這塊貧瘠的土地上，無論他怎樣辛勤地勞作，都無法獲得在本土時的一半業績。兩年過去了，他成了同事中進步最小、業績最差的一個，上司對他的表現非常不滿，對他的工作支持度也越來越少了。

全心投入的工作換不來上司的滿意和賞識，這讓約翰對是否在非洲堅持下去產生了猶豫。在很長一段時間裡，他的心情非常沮喪，感覺前途黯淡。

然而，約翰最終選擇了堅持下來。他並沒有去埋怨上司，而是與上司保持著經常性的溝通，並盡量站在上司的角度，站在公司的整體運作上看待自己的成績和委屈。約翰認為，自己確實非常努力，可是上司遠在異鄉看不到，他看到的只是業績，所以不能責怪他不理解自己。而非洲的這塊市場是公司發展策略中的一個重要組成部分，絕不能輕易放棄。

這樣，約翰將自己的委屈放到了一邊，咬緊牙關繼續努力。終於在一年之後，市場情況出現了重大轉機，約翰主持的項目成功地打入了非洲市場，紮下了根，創造了可觀的利潤。而約翰自己，也獲得了令人羨慕的升遷加薪。

國際人力資源管理顧問安東尼博士，有一次在上人力資源管理課程的時

候說：「企業家是世界上最苦、最累、最孤獨、最不容易的人。當你將一件事看成是事業的時候，就算有千萬個困難，你都必須去解決；就算有天大的痛苦，你都要堅持下去；就算和你一起戰鬥的戰友一個個捨你而去，只要你一息尚存，就必須熬下去」。如果你站在公司和老闆的立場上來看問題，很多的不平和不理解就會煙消雲散。

很多時候，我們可以因為一個陌路人的點滴幫助而感激不盡，但我們卻總是無視朝夕相處的公司帶給我們的種種利益。大家習慣將工作關係理解為純粹的商業交換關係，認為相互對立是理所當然的。事實上，雖然僱傭與被僱傭是一種契約關係，但是並非對立。從利益關係的角度看，是合作雙贏；從情感關係角度看，可以是一份情誼。一旦你嘗試著站在公司的角度思考問題，你會發現眼前豁然開朗，這樣你才能成為企業需要的優秀人才。同時，你也會因為視角的開闊，為日後的成就奠定堅實的基礎。

李萬強是某知名大學經濟管理系的高材生，大學畢業時，他有四個工作機會可以選擇，然而，他卻決定到一家小化妝品公司做經理助理。交接工作那天，前任助理告訴他：「在這裡簡直就是浪費時間！」因為助理的任務就是收發公文、做會議記錄、安排經理的行程，簡單地說就是打雜。然而，同樣的工作，在不同人的眼中，卻有天壤之別，萬強恰恰認為，每天接觸公司的決策文件，可以看出經理經營企業的思路，每次的會議記錄可以讓他見識到企業決策如何產生。他說：「再沒意思的工作，如果用老闆的眼光來看待，就能看出價值所在。」

果然，幾年過去了，當年那個「逃走」的助理不知際遇如何，但萬強已經成為這家公司的高階主管之一。雖然他比以前更忙碌了，但薪水也非常可觀，更重要的是，他找到了充分展現自己價值的舞台。

身在其位，心謀其事

也許你在一家公司工作了好幾年，還依然坐在剛進公司的那個職位上，和你一起進公司的同事成為你的頂頭上司了，有的甚至已經被獵頭挖走了，你還兢兢業業守著你的那張小辦公桌；也有可能你能力出眾，對工作瞭如指掌，卻一直沒有得到滿意的晉升，你對某個職位垂涎已久，卻不得不看著它被一個一竅不通的混蛋所霸占……如果你的情況和上述有所吻合，那麼下面的事例，希望能對你有所啟示。

大學畢業後的第一次同學會，大家驚奇地發現，當年那個在班裡默默無聞的查理已經成為一家知名鋼鐵公司的高級管理人員了 —— 以他的年齡和經驗，做在這個位置實在是前所未聞 —— 連見多識廣的教授都表現出驚訝。那麼，查理是怎麼做到的呢？

原來，查理到了這家鋼鐵公司上班後，還不到一個月的時間，就發現很多煉鐵的礦石並沒有得到完全充分的冶煉。其實發現這個問題並不困難，他身邊的很多同事都知道。不過，當查理跟他們提起的時候，那些在公司已經工作了很長時間的人都笑了，他們認為查理大驚小怪，橫豎這件事情不歸他們管，何必多事呢。但查理堅持，既然礦石中還殘留著沒有被冶煉好的鐵，

這樣下去的話，公司必然會遭受損失。於是，他找到了負責這項工作的工人，跟他說明了問題，這位工人並不領情，甚至有些粗暴地說：「如果技術有了問題，工程師一定會跟我說。現在還沒有任何一位工程師跟我說過這個問題，這就說明現在沒有問題！」

查理只好去找負責這項技術的工程師，對工程師說明了他看到的問題。工程師卻很自信地聲稱，我們的技術是世界上一流的，怎麼可能會有這樣的問題。很明顯，工程師並沒有把查理的話放在心裡。他暗自認為，一個剛剛畢業的大學生能懂什麼，不過是想博得別人的好感而表現自己罷了。

工程師流露出來的輕視比其他同事的異樣眼光更讓查理難受。但是查理仍然認為這是一個很大的問題，必須得到解決。於是，他拿著沒有冶煉完全的礦石找到了公司負責技術的總工程師，他說：「先生，我認為這是一塊沒有冶煉充分的礦石，您認為呢？」

總工程師看了一眼，說：「沒錯，年輕人你說得很對。哪裡來的礦石？」

查理說：「是我們公司的。」

「怎麼會，我們公司的技術是一流的，怎麼可能會有這樣的問題？」總工程師很詫異。

「工程師也這麼說，但事實的確如此。」查理堅持道。

「看來是出問題了。怎麼沒有人向我反映？」總工程師有些發火了。

總工程師召集負責技術的工程師來到工廠，果然發現了一些冶煉並不充分的礦石。經過檢查發現，原來是監測機器的一個零件出現了問題，才導致了冶煉不充分。

這件事在公司的上層也流傳開了，很快查理就被晉升為負責技術監督的工程師。

從初出茅廬的職場「菜鳥」到負責技術監督的工程師，可以說是一個飛

躍，查理何以能能獲得職場上的第一步成功呢？原因就是來自於他的責任感，他的責任感讓管理者認為可以對他委以重任。公司的總經理就這件事情不無感慨地說道：「我們公司並不缺少工程師，但缺少的是負責任的工程師──這麼多工程師裡都沒有一個人發現問題，甚至有人提出了問題，他們還不以為然。對於一個企業來講，人才是重要的，但是更重要的是真正有責任感的人才。」

作為公司的一員，你必須有「身在其位，心謀其事」的觀念，因為只有這樣，你才能獲得升遷加薪的機會。

某家電公司的一位員工曾這樣說過：「我會隨時把我聽到的看到的關於公司的意見記下來，不管是在朋友的聚會中，還是走在街上聽陌生人說的話。因為作為一名員工，我有責任讓我們的產品更好，有責任讓我們的企業更成熟更完善。」

有責任感的領導者也會非常感激這樣的員工，而且會覺得欣慰，因為他的員工能夠如此關愛自己的企業，關注著企業的發展，他會為這樣的員工感到驕傲，也只有這樣的員工才能夠得到企業的信任。

如果你兼有責任和忠誠兩種信念，那麼不僅會勇於承擔自己分內的責任，還會樂意挑起實現公司遠景的責任。而對你的責任和忠誠最大回報就是，你將被賦予更大的責任和使命。

一支生了鏽的大鐵釘被丟棄在工廠的入口處，員工們從其旁邊進進出出。他們會做出怎樣的反應呢？

第一種員工，視若無物，抬腳橫跨而過，根本不去想它可能產生的危險。

第二種員工，看到了鐵釘，並警覺到它可能帶來的危害。接下來他們會怎麼做呢？第一類人會認為「反正別人會撿起來，不用自己多事」，只要自己

小心，實在不必庸人自擾，於是改道而行；第二類人認為自己現在太忙，還有很多事情需要解決，等辦完事後再來處理那根鐵釘；第三類人則抱著謹慎小心、事不宜遲的態度，馬上彎腰撿起並妥善處置。

你當然知道哪類員工的做法正確，但事情發生在你身上時，你會怎麼做呢？其實，有些事情並不需要花費很多的心思和很大的力氣，你就可以將它們做好。

職場診療室

很多人一味地抱怨公司的晉升制度有弊端，得不到晉升，而很少去想，自己憑什麼得以晉升。事實上，絕大多數的公司裡，最缺少的不是有能力的員工，也不是高學歷的員工，而是有高度責任感的員工。作為一名有責任感的員工，他不僅僅會完成自己分內的工作，也會時時刻刻為企業著想。

別把問題留給別人

1945 年杜魯門接替羅斯福出任美國總統後，他在自己的辦公桌上放了塊牌子，上面寫著「book of stop here」，意思是「問題到此為止」。他這樣做的目的，就是讓自己負起責任來，不要把問題留給別人去解決。由此可見，責任在這位總統的心中占據著多麼重要的位置。

一個負責任的員工富有開拓和創新精神，他絕不會在沒有任何努力的情況下，就為自己找藉口推卸責任。他會想盡一切辦法完成公司交給的任務，讓「問題到此為止」。條件再困難，他也會創造條件；希望再渺茫，他也能找到方法去解決。

1956 年，美國福特公司推出了一款新車。這款汽車式樣和性能都很好，

價格也不貴，卻銷路平平，跟之前設想的完全相反。公司的經理們急得就像熱鍋上的螞蟻，絞盡腦汁也找不到讓汽車暢銷的方法。

就在這時，一位名叫艾柯卡的見習生接受了一項新任務，就是推銷這款汽車。事實上，沒有人對他抱有希望，畢竟，公司上層已經為此開了數週的會議，都沒有找好更好的辦法。然而，公司老闆因為新車滯銷而著急的神情，深深地印在了艾柯卡的腦海裡。他不斷地思考能讓新產品打開市場的方法，從廣告公關想到售後服務，想到怎樣才能吸引消費者的興趣……他每天走訪和諮詢身邊的人關於買車的想法和需求，尋找讓這款汽車暢銷起來的好點子。

終於有一天，艾柯卡想出了一個促銷廣告，口號為：「花 56 元買一輛 56 型福特。」這個創意的具體做法是：誰想買一輛 1956 年生產的福特汽車，只需先付 20% 的貨款，餘下部分可按每月付 56 美元的辦法逐步付清。

艾柯卡的建議得到了採納，他的辦法非常有效，人們紛紛傳說著「花 56 元買一輛 56 型福特」的廣告，想要感受一下低首付、低月供的新產品。「花 56 元買一輛 56 型福特」的做法，不但打消了很多人對車價的顧慮，還給人創造了「每個月才花 56 元，實在是太合算了」的印象。

奇蹟就在這樣一句簡單的廣告詞中產生了：短短 3 個月，新車在費城的銷售量發生了翻天覆地的變化。在這一創意產生之前，艾柯卡所在的費城地區的銷售量本來居全國末位；這個創意提出來之後，該款汽車在費城地區的銷售量躍為全美的冠軍。

由於艾柯卡為公司的難題想出了好的解決方法，他很快成為了公司的骨幹，總部特意把他從費城調到華盛頓，委任他為地區經理。

困難是最能考驗人的。越是艱難的時候，越能考驗一個人的耐力、毅力和能力。然而，在現實生活中，人們總是選擇為那些容易解決的事情負責，

而把有難度的事情推給別人。但是在工作中，經常會有一些高難度、具有挑戰性的工作。有的員工為了貪圖安逸，或者害怕沒有辦成而受到老闆的責備，在接受任務時總是竭力迴避這些高難度的工作，這種做法不僅讓老闆為難，也會使自己的工作停滯不前。

　　羅文斌是一所私立大學的教師。每年夏天的時候，學校招生辦都會抽調一部分老師到各地去招生。對於私立大學來說，招生是一件令校長感到非常苦惱的難以分配的差事。生源既關係著學校來年的收入，也代表著將來學生的素養。羅文斌所在的學校知名度不高，所以，每一次挑選老師去招生時，老師們總是找藉口推脫，一些偏僻的城市更是沒有老師願意去。

　　羅文斌來學校半年後，這個難題又來了。在招生會議上，校長再三宣傳，要教師們報名參加招生，但教師們無一響應。就在一片尷尬的氣氛中，羅斌帶頭報名參加，並遊說其他同事參與。在羅文斌的帶領下，一些年輕教師也報名參加了。

　　在選擇劃分區域時，羅斌主動選擇了大家公認為難點地區。他除了聯繫當地政府外，還深入到學校做宣傳，每天都在各個中學之間來回奔波，幫助學生填報志願，向學生解說招生和就業形勢。很多學生家長來找他諮詢，羅文斌不論他們是否報考自己學校，都予以熱心地指導。

　　由於工作認真，羅文斌的招生工作完成得相當順利。他主動承擔難題、順利完成任務的事情在學校樹立起了榜樣，校長對他刮目相看。在新學期的教學任務分配時，羅文斌被委以重任。

　　羅文斌最終完成任務，憑藉的不僅僅是他的才能，還有他在完成任務過程中所表現出的「一定要將問題解決」的責任感。

職場診療室

失敗的人之所以陷入失敗，是因為他們太善於找出種種藉口來原諒自己，糊弄自己的工作。而成功的人，頭腦中只有「想盡一切辦法，讓問題到此為止」的想法。因為在他們心中，問題就是他們的責任，也是他們打開通往成功的大門。

勇於執行，拒絕藉口

作為一名敢於承擔責任的員工，不僅是對公司忠誠，也是讓自己獲取高薪的保障。

在美國西點軍校，有一個廣為傳誦的悠久傳統，學員遇到軍官問話時，只能有四種回答：「報告長官，是」，「報告長官，不是」，「報告長官，不知道」，「報告長官，沒有任何藉口」。除此之外，不能多說一個字。

「報告長官，沒有任何藉口」，是美國西點軍校 200 年來奉行的最重要的行為準則，是西點軍校傳授給每一位新生的第一個理念。它強化的是每一位學員想盡辦法去完成任何一項任務，而不是為沒有完成任務去尋找藉口，哪怕是看似合理的藉口。因為在他們看來，有效執行就是不找任何藉口。秉承這一理念，無數從西點走出的畢業生在他們人生的各個領域裡都取得了非凡的成就。

「沒有任何藉口！」西點軍校學員的回答就是做出承諾，就是接受軍官所賦予的責任和使命。即使是普通的站軍姿、行軍禮等千篇一律的訓練，也培養了學員們的意志力和責任心，同時也練就了他們的執行力。但在生活、工作當中，我們缺少的正是這種想盡辦法去完成任務的責任心。在我們的周圍經常聽到這樣的藉口：

「我可以早到的，如果不是塞車的話。」

「我沒有把事情做完，是因為我沒有足夠的時間。」

「那個客戶太挑剔了。」

「我沒學過。」

「我沒有那麼多精力。」

「上級沒有告訴我。」

……

其實，在每一個藉口的背後，都隱藏著豐富的潛台詞，只是我們根本就不願說出來，甚至於我們自己都不好意思說出來罷了。或許，藉口讓我們暫時逃避了困難和責任，但長期來看，藉口卻總是使我們喪失掉寶貴的發展機會。歸納起來，我們經常聽到的藉口主要有以下幾種表現形式：

(1) 許多藉口總是把「不」、「不是」、「沒有」與「我」緊密聯繫在一起，其潛台詞就是「這事與我無關」，而把本應該自己承擔的責任推卸給別人。如此一個沒有責任感的員工，是不可能獲得上司的信賴和尊重的。因為在一個團隊中，是不應該有「我」與「別人」的區分的。

(2) 找藉口很容易讓人養成拖延的壞習慣。我們經常能夠見到一些員工他們每天看起來忙忙碌碌，但實際上他們把本該一小時完成的工作變成需要半天的時間甚至更多。他們總是在尋找各種各樣的藉口，逃避自己該承擔的責任。

(3) 尋找藉口的人缺乏創新精神和自動自發工作的能力，他們往往因循守舊，固守以前的經驗、規則和思維。

(4) 藉口自己的能力或經驗不足而造成失誤，這樣做顯然是不適宜的。因為沒有誰天生就能力非凡。正確的態度應該是正視現實，以一種積極的心態去努力學習、不斷進取。

(5) 藉口自己能力較低，「我不行」、「我不可能」這種消極心態剝奪了個
　　人成功的機會，最終讓人一事無成。

　　那些優秀的員工卻總是具有良好的執行能力，他們從不在工作中尋找任
何藉口，總是把每一項工作盡力做到超出客戶的預期，最大限度地滿足客戶
提出的要求，而不是尋找各種藉口推脫；他們總是出色地完成上級安排的任
務，替上級解決問題；他們總是盡全力配合約事的工作，對同事提出的幫助
請求也從不找任何藉口推脫或拖延。

　　工作當中，每個主管都希望自己的員工能夠自覺主動地工作，他絕不願
把員工變成機器，被動地接受指令，也不願接納沒有頭腦如機器般的員工。
所以，就像老師要求學生那樣，主管也喜歡自覺主動的員工。

　　所謂工作自覺主動就是掌握領導的指令，加上自身的智慧與才幹，把指
令內容做得比主管預期的更完美；主動學習更多的跟工作有關的知識，並隨
時用在工作上；有高度的自律能力，不經督促，自覺把工作保持在較高的效
率水平上；了解公司及領導的期望，按部就班地達成每一個目標；了解自己
的身分和職位，隨時調整自我去適應環境。

　　一個積極主動的員工總是會帶著思考去工作，認真思考遇到的每一個問
題，有意識地多想一想自己的決定是否能夠經受住考驗，自己的計劃是否全
面周詳，這樣就能避免很多自以為是的低級錯誤，保證順利圓滿地完成每一
項任務，並得到領導的賞識。

　　作為現代企業的一名員工，你要想做到優秀，要想拿到高薪，就必須具
有強大的執行能力，拒絕任何藉口，哪怕是那些看似合理的藉口。這不僅僅
是對公司的忠誠，更體現了一個人對自己的職責和使命的態度。一個沒有執
行能力的人，他所有的能力都得不到應有的發揮，他的潛力自然也就沒有得
見天日的機會。

職場診療室

請求主管分配工作比順從主管分配工作，要更高一個層次，這是一種變被動為主動的技巧，它不僅體現了員工的工作積極性、主動性，還增加了讓領導認識自己的機會。這種工作方式已越來越為現代企業的主管和員工所重視。

為企業賺錢，為自己工作

　　現代職場中，升遷加薪最快的往往是那些工作認真、踏實肯做的人。可以說，他們才是職場上真正的聰明人，因為他們清楚地知道，企業和員工其實是一榮俱榮，一損俱損的共同體。企業盈利好，他們才能拿到高薪；反之，企業不盈利，別說升遷加薪了，不被裁員就已經是萬幸。

　　因此，我們在公司裡努力工作，不僅僅是為了公司為了老闆，也是為了自己。我們是在借用公司的平台來實現自己的職業目標，所以，保證公司能夠良好的運轉下去是你獲得成功的前提條件之一。這其實是一種良性循環，一個為自己的職業目標而努力工作的人，勢必會給公司這個平台帶來良好的效益，而公司的效益越好，平台越大，個人展示自我的舞台也就越大。

　　很多人之所以能夠事業有成，就是因為他們有著明確的利益觀和價值觀，他們心裡都很明白，自己雖然是在為企業賺錢，但同時也是在為自己工作，所以在任何環境下都不放棄對工作的努力。對他們來說，能力、經驗和機會比金錢要重要得多。也正因如此，當他們獲得最終的成功時，誰能說他們當初的努力「不值錢」呢？也許他們當初的辛苦工作換來的薪水並不高，但那些能夠讓他們最終獲得成功的無形資產，又怎麼能夠用金錢衡量呢？

　　一位企業管理者曾說：「只有在工作中盡心盡力，才有可能前途暢達。你

如果能在工作中找到樂趣，就能在工作中忘記辛勞，得到歡愉，就能找到通向成功之路的祕訣。」一旦你領悟了全力以赴地工作能消除工作的辛勞這一祕訣，你就掌握了獲得成功的原理。即使你的職業是平庸的，一旦你處處抱著為自己工作的態度，就能獲得個人極大的成功。

小張和老吳同在一家企業工作。

有一天小張對老吳憤憤不平地說：「我要離開這個公司。我恨這個公司！」

老吳回答說：「我舉雙手贊成！你應該給這個破公司一點顏色看看。不過你現在離開，還不是最好的時機。」

小張問：「為什麼？」

老吳說：「如果你現在走，公司的損失並不大。你應該趁著在公司的機會，拚命去為自己拉一些客戶，成為公司獨當一面的人物，然後帶著這些客戶突然離開公司，公司才會受到重大損失，非常被動。」

小張覺得老吳說的非常有理。於是，他透過努力工作，終於在半年後有了許多的忠實客戶。這時，老吳對小張說：「現在是時機了，要跳就趕快行動哦！」

小張淡然笑道：「老闆跟我談過了，準備升我做部門經理，我暫時沒有離開的打算了。」

其實這也正是老吳的初衷。作為公司的一員，你只有讓老闆真正看到你的能力大於位置，他才會給你更多的機會替他創造更多利潤。

不要總是認為自己的待遇太低，在大多數時候，都是你做得還不夠好，還不夠到位。因為凡是想把自己的公司做大做強的老闆，都不會在員工的待遇上進行壓制與剋扣 —— 做大事者從來都不會因小錢丟大錢。因此，當老闆還不給你升遷加薪的時候，你要先在自己身上找原因。

高薪者與低薪者最直接的區別就在於：高薪者無論做任何事情都不會採取輕率應付的態度，他們一定會盡自己最大的努力以求達到最佳的結果，哪怕有一分一毫的誤差，他們也絕不會輕易地放鬆自己；而反觀那些低薪者，他們每天甚至不願意再多投入哪怕是 5 分鐘的時間在他們的工作上，這樣還怎麼能頑固地認為老闆對自己太苛刻呢？要知道，儘管老闆並不了解每一個員工的具體表現，或者熟知每一份工作的細節，但是有一點卻是可以肯定的，那就是升遷和加薪一定不會落在那些玩世不恭、不努力工作的人身上。

　　你必須清楚，工作是為企業，更是為自己。那些只是為了薪水而工作的人永遠都是在被動地工作，剛剛上班就盼望著下班，工作時從不願意付出全部精力，最終只會埋沒自己才華，泯滅自己的創造力。因此，你的工作態度必須端正起來，不要再為自己應該拿多少薪水而斤斤計較。只要付出了，必定有所得，只不過收穫的時間、地點和時機尚不確定而已。

　　現代職場的激烈競爭對於員工提出了更為嚴格的要求。僅僅是一絲不苟、忠於職守地完成分內工作早已不夠，你需要做的是更努力，至少比你的老闆所期待的做得更多。只有這樣，你才能更好地完成你的工作，同時也給自己的升遷和加薪創造更多有利的機會。

職場診療室

事實上，我們不是缺少成功的欲望，而是缺少成功所需要的行動力。要做一個敢於行動、善於行動的人，把眼光放在最終目標上，清楚在自己前進的道路上該做什麼不該做什麼，然後把自己的一腔熱情和活力投入其中。行動高於一切，希望什麼就主動去爭取，只有不斷地行動，你才能獲得最終的成功。

自動自發地去工作

拿破崙·希爾曾經說過:「自覺自願是一種極為難得的美德,它驅使一個人在沒有人吩咐應該去做什麼事之前,就能主動地去做應該做的事。」職場中有一些人只有被人從後面催促,才會去做他應該做的事。這種人大半輩子都在辛苦地工作,卻得不到提拔和晉升。反之,在工作中抱著積極主動的態度,努力改進自己的工作,驅策自己不斷前進,才會使自己從激烈的競爭中脫穎而出。

張志超生活在一個工薪階層的家庭,因為兄弟姐妹比較多,他剛剛高中畢業,便不得不放棄上大學的機會,到一家百貨公司去打工。但是,他不甘心就這樣工作下去,每天都在工作中不斷學習,想辦法充實自己,努力改變自己工作的境況。

經過幾個星期的仔細觀察後,他注意到主管每次總要認真檢查那些進口的商品帳單。由於那些帳單用的都是法文和德文,他便開始在每天上班的過程中仔細研究那些帳單,並努力鑽研學習與這些商務有關的法文和德文。

有一天,他看到主管十分疲憊和厭倦。看到這種情況,他就主動要求幫助主管檢查。由於他做得實在是太出色了,以後的帳單自然就由他接手了。

過了兩個月,他被叫到一間辦公室裡接受一位部門經理的面試。這位部門經理的年紀比較大,他說:「我在這個產業裡做了 40 年,根據我的觀察,你是唯一一個每天都在要求自己不斷進步、不斷在工作中改變自己,以適應工作要求的人。從這個公司成立伊始,我就一直在這裡從事外貿這項工作,也一直想物色一個像你這樣的助手。因為這項工作所涉及的面太廣,工作十分繁雜,對工作的適應能力要求也特別高。我覺得你是一個十分合適的人選,因此選擇了你,相信你不會讓我失望。」

儘管開始的時候張俊超對這項業務一竅不通，但是，他憑著頑強的毅力和不斷鑽研的精神，使自己的業務能力迅速得到了提高。半年後，他已經完全勝任這項工作。一年後，他接替了那位經理的工作，成了這個部門的新任經理。

　　美國有一句諺語：「通往失敗的路上，處處都是錯失的機會，坐等幸運從前門進來的人，往往忽略了從後門進入的機會。」只有對工作勇於負責，每天自動自發、自覺自願將工作幹好，每天都使自己有所創新、有所進步的人，才能夠成為一個卓越的員工。

　　然而遺憾的是，我們大多數人都有被動工作的壞習慣，從不會主動去做老闆沒有交代的工作，甚至老闆交代的工作也要一再督促才能勉強做好。這種被動的態度必然會導致一個人的積極性和工作效率下降。久而久之，即使是被交代甚至是一再交代的工作也未必能把它做好，因為他習慣於想方設法去拖延、敷衍。

　　羅傑在一家五金店做事，每月的薪水是 75 美元。有一天，一位顧客買了一大批貨物，有鏟子、鉗子、馬鞍、盤子、水桶、籮筐等等。這位顧客過幾天就要結婚了，提前購買一些生活和勞動用具是當地的一種習俗。貨物堆放在獨輪車上，裝了滿滿一車，騾子拉起來也有些吃力，顧客希望羅傑能幫他把這些東西送到他家去。其實送貨並非是羅傑的職責，他完全是出於自願為客戶運送如此沉重的貨物。途中車輪一不小心陷進了一個不深不淺的泥潭裡，顧客和羅傑使盡了所有的力氣，車子仍然紋絲不動。恰巧有一位心地善良的商人駕著馬車路過，幫羅傑他們把車子拉出了泥潭。

　　當羅傑推著空車艱難地返回商店時，天氣已經很晚了，但老闆卻並沒有因羅傑的額外工作而表揚他。一個星期後，那位商人找到羅傑並告訴他說：「我發現你工作十分努力，工作熱情很高，尤其我注意到你卸貨時清點物品數

目的細心和專注。因此，我願意為你提供一個月薪 500 美元的職位。」

在實際工作中，我們應該自覺自願地多做一些工作，說不定這些額外的付出就是你走向成功的開始。羅傑的經歷證明了這一點。

劉亮光光是一家公司的普通職員，平時的工作只是收發、傳送領導的文件。當公司出現一些無人料理的事情時，別的同事都為能少做就少做而推來推去，而劉亮光就像一顆螺絲釘一樣趕快補上，不多久一份工作就漂亮地完成了。從此，「阿亮你見一下那個客戶」、「阿亮你去把那件事情搞定」這樣的指派越來越多。

劉亮光從未覺得自己是個被人支來支去的「小弟」。雖然雜事很多，但是得到鍛鍊的機會也多，比如叫他去接觸傳媒，聯繫公司的廣告業務，參與廣告文案的寫作，選擇適合的傳播通路等等，這都是給了他一個充電和學習的機會。

一直在暗中觀察員工表現的老闆對這一切看在眼裡，記在心裡。從此劉亮光工作更忙了，但是忙的卻是一些更重要的事情了，比如會見一些的重要客戶，起草一些重要的文件，與老闆一起參加一些重要的談判等等。

幾年之後，公司準備上市，董事會將起草招股說明書的重任交給了劉亮光。劉亮光不負眾望，漂亮地完成了工作任務，並順理成章地成為這家上市公司董事會的祕書，從而一躍成為公司的高級管理人員，成為資本運營方面獨當一面的大將。

每個公司都會出現一些無人負責的事情，這時就需要員工有一種主動精神，多做一些事情，做的事情越多，你的地位越重要，掌握的個人資源和工作資源也就越多，情形就對自己就越有利。

其實無論我們做什麼，都是在為將來做準備，如果我們樹立起自動自發的意識，用鍛鍊自己成長的積極心態來對待自己正在做的事情，就能把工作

當成機會，把指派當成鍛鍊。

　　任何時候，我們都需要捫心自問：你是否自動自發，凡事積極主動呢？如果你的回答不是特別肯定的話？那麼，你就必須改變自己的工作態度，讓自己成為一個任何時候別人都離不開你的人。

職場診療室

在你積極主動而又充滿熱情地工作時，你還要考慮的一個問題是，你是否是像老闆那樣對待自己的工作。即使你只是一名普通職員，你也應該像老闆一樣考慮事情。例如公司怎樣運作才能更合理，怎樣能夠使其他同事心情舒暢地工作等等。這樣，你將變得更加主動，而且會有一種未來盡在自己掌握之中的良好感覺。

第三章
質效兼備：做一個高效能的執行者

效率是做好工作的靈魂。

—— 切斯特菲爾德

沒有一件工作是曠日持久的，除了那件你不敢著手進行的工作。

—— 波特萊爾

你的付出和收穫成正比嗎？

這是一個追求效率的時代，滿大街都是忙忙碌碌的身影。所以，工作時就應該隨時保持一種緊迫的精神狀態，力求以最快的速度處理好手頭上的事情，把節省出來的時間用來做別的事情或者用來休息，以提高工作效率。

「不管多麼成功的企業，也有隨時倒閉的可能性。當我工作的時候，我總想著我的事業有可能明天就化為烏有。正是這種緊迫感，促使我用更高的效率去工作，從而避免了這種可能性。」一位企業家這樣解釋他的成功祕訣。

工作結果說明一切。你如果能比你的競爭者走得更快，就能獲得更多資源，更多成功。

老闆當然喜歡忠誠的員工，但是為了企業的發展，一份漂亮的成績單會更讓他喜歡。用最短的時間給老闆最好的答案，對於優秀的員工來說，這是天經地義的事情，不需要老闆多加吩咐。

你的功勞與你的所得必然有聯繫，不要得過且過了，要做就盡量做到最好。找好工作的最佳切入口，用最快的速度去最好地完成任務。最好的員工總是能夠表現出自己最優秀的一面，獲得老闆的信任。

絕不拖延，日事日清

一位 30 歲的財務分析師請求心理學家的幫助，她想糾正在最近幾個月裡，總是拖延工作的惡習。他們在一起討論她對待工作的態度。正如心理學家預料的，在上班第一個鐘頭，她總是把容易和喜歡做的工作先完成，而在剩下的六個鐘頭裡，她就盡量規避棘手的差事。心理學家建議她從現在開始，在上班第一個鐘頭，要先去解決那些麻煩的差事，在剩下的時間裡，其他工作會變得相對輕鬆。考慮到她學的是財務管理，專家這樣解釋其中的道

理：按一天工作七個鐘頭計算，一個鐘頭的痛苦，加上六個鐘頭的幸福，顯然要比一個鐘頭的幸福，加上六個鐘頭的痛苦划算。她完全同意這樣的計算方法，而且堅決照此執行，不久就徹底克服了拖延工作的壞毛病。

要想在職場上做出一點成績來，有一件事情是你必須要做的：每天睡覺前做好次日的工作計劃。用一張紙羅列次日要做的事情，或在手機上紀錄，並且根據要緊程度進行排序，以便第二天一件件地去做，每做完一件就做上標記。這樣量化自己的每天工作，會讓你的工作非常有成效。

寫下你第二天要做的事情：要打的電話、要會見的人、要執行的任務等與工作有關的事情；再把你生活中的屬於其他類別的重要事情添加在單子上。寫完之後，把單子放好，忘掉它，開始抓緊時間睡覺。

第二天早晨，吃早餐的時候再瀏覽一下，完善補充。

一旦你開始做某項工作，就要把它做好，不要半途而廢。但是如果一項工作過於宏大不能一次做完，那你該怎麼辦呢？

很簡單，你可以把這件工作化解成若干個分段，最好用文字記錄下來，規定自己每天需要完成的數量，這樣你就不會覺得頭緒紊亂，也不會白白浪費時間和精力了。而且你會覺得離大功告成越來越近，隨時都可以鼓足勁幹下去。

1984 年，在東京國際馬拉松比賽中，名不見經傳的山田本一出人意料地奪得了世界冠軍。當記者問他憑什麼取得如此驚人的成績時，他只說了一句：「我只是憑智慧戰勝了對手。」

當時很多人認為，這個偶然跑到前頭的小個頭選手能獲得成功純屬偶然，並沒有什麼，他說這樣的話也只是故弄玄虛。因為馬拉松比賽是體力與耐力的運動，只要身體素養好又有耐力就有奪冠的可能，爆發力與速度都還在其次，山田本一說用智慧戰勝對手實在是有點勉強。

兩年後，義大利國際馬拉松邀請賽在義大利北部城市米蘭舉行，山田本一代表日本隊參加比賽。這一次，他又出人意料地贏得了冠軍。大批的記者圍住了他，請他談經驗。性情木訥，不善言談的山田本一依然說了一句上次那句話：「我只是憑智慧戰勝了對手。」這一回記者在報紙上再沒有諷刺挖苦他，而是對他所說的智慧探討不已，並深感迷惑不解。

　　10年後，這個謎團終於被解開了，山田本一在他的自傳中是這麼說的：每次比賽前，他都要開車把比賽的線路仔細地看一遍，並把沿途比較醒目的標誌畫下來，並深記在心。比如，第一標誌是銀行；第二標誌是一棵大樹；第三個標誌是一座紅房子……這樣一直畫到賽程的終點。

　　當比賽開始後，他就以百米的速度奮力向第一個目標衝去，等到達第一個目標後，他就以同樣的速度向第二個目標衝去。40多公里的比賽賽程，就被他這麼分解成幾個小目標一段一段地輕鬆跑完了。山田本一說，起初他不懂這樣的道理，總是把目標定在40公里外終點線上的那面旗幟上，結果跑到十幾公里時自己就已疲憊不堪了，他被前面那個遙遠的目標嚇倒了。

　　有一句話是這樣說的：你不可以延長你生命的長度，但是你可以擴展它的寬度。在有限的生命裡做出更多有意義的事情就是擴展它的寬度。只有更好地利用你的時間，你才能做到這一點。而高效，會讓你加快腳步，比別人走更多的路。量化自己每天的工作正是爭取高效的表現。給自己規定每天的任務，這樣可以給自己適度的壓力，防止拖延，提高時間的利用率。因為我們花在一件事上的時間是有很大的伸縮彈性的，只要我們緊急一些，花的時間就會少很多。因為你已經給自己規定了任務，你在做事的時候就會想，我還有很多事要做呢，我不能耽擱，我應該再快一點。這樣，你就不會把事情拖延了。

　　無數成功人士的經驗都表明，制定計劃將極大地提高目標實現的成功機

率，制定計劃的人的成功機率是從來不制定計劃的人的 3.5 倍。在成功實現目標的人群中，事先制定計劃者高達 78%，而事先沒有制定計劃的人的成功率僅為 22%！

晚上睡覺前，你第二天的工作計劃準備好了嗎？每天都堅持你的計劃，你會發現，自己的工作也可以做得像別人一樣高效，甚至更高。

職場診療室

很多人都被那些看起來很嚇人的任務嚇倒。其實，只要你能合理地分配工作，就能提高辦事效率，就能使你在和別人相同的時間內做好更多的事情。為自己每天的工作都制定計劃吧，規定數量，然後付諸行動，這是高效工作的祕訣之一。

主動找事做而不是等事做

對老闆而言，他們需要的絕不是那種僅僅遵守紀律、循規蹈矩，卻缺乏熱情和責任感，不能夠積極主動、自動自發工作的員工。真正優秀的員工還會比老闆更積極主動地工作。

現代職場，不論何時，高薪只能從行動中獲得，永遠不可能從空想中獲得。所以，作為一名職場人士，你要想獲得高薪，首先就要行動，透過一步步的積累，逐步實現自己的人生理想和目標。相反，如果你認為公司是老闆的，我只是替別人工作。工作得再多，再出色，得好處的還是老闆，於我何益。那麼存有這種想法的人很容易成為「按鈕」式的員工，天天按部就班地工作，缺乏活力，有的甚至趁老闆不在就沒完沒了地打私人電話或無所事事地上網。這種想法和做法無異於在浪費自己的生命和自毀前程，這類員工自然無法得到老闆的青睞和重視，晉升加薪的機會當然與他們無緣。

約翰是一家超市的售貨員，他每天的工作內容是，站在收銀機後面，把顧客所付的款項記到收銀機上。約翰一直認為自己是一個敬業的好員工，除了做好自己的本職工作外，他還把主管臨時交代的工作和自己認為該做的事情，都一絲不苟地完成了。

有一天，當約翰正站在收銀機後和另一位員工閒聊時，負責本地區業務的經理突然走了進來。他的眼光在超市的貨架上掃視了一遍，然後示意約翰跟他朝一個過道走去。經理一言不發地開始上貨，即往貨架上因為東西被買走而空出來的地方重新擺放商品。隨後，他又走到了食品準備區，擦了一遍櫃台，並清空了一個已裝得滿滿 (的) 的垃圾桶。

約翰好奇地看著經理的一舉一動，一個想法漸漸地在頭腦中湧現出來，他突然醒悟了：經理希望自己去做他所做的這一切！這個想法令約翰大吃了一驚，這倒不是因為經理幹的那些活兒很新鮮，其實這些工作約翰通通都幹過，比如每天換班之前，他都會往貨架上上貨，把地板擦乾淨，以及清理垃圾等。約翰意識到，自己不應該只在換班的時候才做這些事情，而應該隨時隨地地去做那些事！而以前，從來就沒有人告訴約翰應該這樣做！在那心照不宣的一瞬間，約翰學到了關於工作的重要一課，令他受益終身的一課。

想要成為一名優秀的員工就一定要具備一種率先主動的工作意識。對於一家企業來說，積極主動的員工就是好員工。積極主動不僅僅是一種做人的態度，也是一種做事的方法，更是一個好習慣。同樣的一個工作環境，同樣的一份工作，積極主動的人總是能又快又好地把工作做完，從來都不用擔心與升遷加薪失之交臂。那些因為對待工作隨便、怠慢而不能晉升的人，其實完全有辦法來改變自己的處境，這個辦法就是 —— 行動起來，養成做事積極主動的好習慣。

世界排名前十名的暢銷書《致加西亞的信》的作者凱文·哈特在年輕時，

曾經修理過自行車,賣過詞典,做過家庭教師,書店收銀員、出納,還當過清潔工。在他看來,他的工作都很簡單,不費精力,而且是下賤和廉價的,但後來,他知道自己的想法是錯誤的,因為正是因為這些工作經驗,才給他帶來了很多珍貴的教訓。

哈特在做出納的時候,有一次,他把顧客的購物款記錄下來,完成了老闆佈置的任務後就和別的同事聊天,老闆走來,示意他跟上來。然後老闆自己就一言不發地整理那批已訂出去的貨,然後又把櫃台和購物車清空了。

就是這樣一件事,徹底改變了凱文·哈特的觀念,他明白了不僅要做好自己的本職工作,還應該再多做一點,即使老闆沒有要求,也要去尋找那些需要做的工作。凱文·哈特一直遵循這樣的方法和積極主動工作的心態,這使他變得更優秀。

如果不主動工作,就意味著你喪失了主動權,而被動地去完成工作的狀態會讓人變得懶惰,當人形成一種凡事都要靠別人說才去做的習慣後,就會完全地喪失本來可以握在手中的機會。或許就是因為喪失了這樣的機會,你和成功就會失之交臂。拿破崙·希爾說過,「要想獲得這個世界上的最大獎賞,你必須擁有過去最偉大的開拓者所擁有的夢想,並將它轉化為全部有價值的獻身熱情,以此來發展和展示自己的才能。」有了熱情才能激起行為的主動,行為的主動又能影響心態進一步成熟,這是一種良性的循環。對一個人來說,做事是否積極主動,常常是於細微處見精神。在我們的工作職場中,只要我們具備一種積極主動做事的心態,每天多努力一點,多付出一點,我們就能在工作中爭取到更多的機會。

凱文在他的著作中寫道:世界會給你以厚報,既有金錢也有榮譽,只因為一種小小的品質,那就是主動。

主動做事有幾種情況:不用別人告訴你,你就能出色地去做;別人告訴

了你一次，你就能去做；別人告訴了你兩次，你才會去做；有些人只有在形勢所迫時才能把事情做好，他們得到的只是冷漠，而不是榮譽，報酬當然是微不足道的了。

美國偉大的企業家安德魯·卡內基說過：「有兩種人不會成功：一種是除非別人要他做，否則絕不主動做事的人；第二種人則是即使別人要他做，也做不好的人。那些不需要別人催促，就會主動去做事的人，而且不會半途而廢的人必將成功。」

在工作中，比別人多做一點有時候也只是舉手之勞。看到了需要做的工作，想到了需要解決的問題，就不能率先把事情做完，率先把問題解決麼？人的心理說複雜也複雜，說簡單也簡單，無非就是總覺得自己憑什麼要比別人多做一點，自己為什麼就要主動思考問題。其實，每個人都知道，主動多做一點並不會帶來多大的不便，只是心理不平衡，認為自己不需要那麼做；反過來呢，當別人因為比自己多做了一點受到嘉獎時，心理的不平衡又跳出來了，這個時候又會在想，那麼簡單的事情自己也會做，有什麼了不起的，為什麼老闆認為他就比自己優秀。這樣的人該怎樣說才好呢，既然知道了主動多做一點也不會給自己造成不便，自己也有能力多做一點，為什麼就不能率先主動呢？

取得工作業績是一個結果，實現這個結果需要一個過程，它需要人們付出，需要人們主動去做一些相關的工作。如果不主動，怎麼能脫穎而出呢？當然不能！只有一個把自己的本職工作當成一項事業來做的人，才可能有這種熱情，而這種熱情正是驅使一個人去獲得成就的最重要的因素。我們對於工作的態度可能侷限在怎麼樣把自己的本職工作做完，但是並沒有想過要多幹一點點。可是，可能就是這一點點，讓老闆對你刮目相看。

喬治·瑞德在美國的《論壇報》做編輯時，一個星期只能賺 6 美元，但這

沒有消減他對工作的熱情，他總是工作很長時間，努力做一些自己力所能及的工作。他在成為美國《時代週刊》的總編後這樣說：「為了獲得成功的機會，我必須比其他人更扎實地工作，當我的夥伴們在劇院時，我必須在房間裡，當他們熟睡時，我必須在學習。」

很多的事實告訴我們，在自己力所能及的範圍內多做一點只會讓自己受益無窮。如果帶著一種不平衡、計較得失的心態去面對工作，計較比別人多做了一點，計較自己拿的報酬比別人少，那麼，你只能一直平庸下去，一直抱怨下去。

有機會展現自己的能力是好事，既然有能力，就需要用事實來證明能力的存在。如果一個銷售員想要證明自己有能力，就應該每天比別人多訪問幾個客戶，工作成績提高，能力才能得到體現。

在職場上，很多事情只要能率先主動一點，體現的就是不一樣的個人能力和品質。著名心理學家約翰·坦普爾頓透過大量的調查研究，得出一條結論：取得突出成就的人與取得中等成就的人幾乎做了同樣多的工作，他們所做的努力差別很小 —— 只是多花了幾分鐘的時間。然而就是因為這幾分鐘讓工作結果大不一樣。所以，工作中，你能比別人多做一點點，多主動一點點，就會獲得不一樣的成績，獲得不一樣的回報。每天努力一點點，日積月累，你就能比別人多做很多事情，這樣的員工老闆如果不重視，那只能說明他沒有眼光，並不能說明你沒有能力。千萬不能因為自己主動多做了一點點，沒有馬上得到老闆的重視就開始消極，不願意主動，使主動權從自己手中溜掉。

一個小小的習慣就能體現一個人最珍貴的素養，在被動的驅使和主動去做這兩者之間，如果選擇主動，結果是大不一樣的。這種習慣能讓人們變得更加敏捷、更加積極，千萬不要以為自己能完成老闆交代的任務就可以高枕

無憂，只有採取率先主動這一戰術才能成就優秀和卓越。

職場診療室

不主動工作，就意味著你喪失了主動權，也因此喪失了機會。想要成
為一名優秀的員工，就一定要具備一種率先主動的工作意識。主動工
作不僅讓你有了主動權，而且還是你快速提高工作績效的方式之一。

堅持要事第一的原則

有一則故事叫「冠軍與蒼蠅」也許能幫助你更形象地認識這個原則。

1965 年 9 月 17 日，世界撞球冠軍爭奪賽在美國紐約舉行。

路易斯・福克斯的得分一直遙遙領先，只要再得幾分便可穩拿冠軍了，
可就在此時，他發現一隻蒼蠅落在主球上，他揮手將蒼蠅趕走了。可是，當
他俯身擊球時，那隻蒼蠅又飛了回來，他起身驅趕蒼蠅。但蒼蠅好像有意跟
他作對。他一回到球台，它就又飛到主球上來，引得周圍的觀眾哈哈大笑。

福克斯的情緒壞到了極點，終於失去了理智，憤怒地用球竿去擊打蒼
蠅，球桿碰到了主球，他因此失去了一輪機會。福克斯方寸大亂，連連失
利，而對手約翰・迪瑞越戰越勇，最後奪走了冠軍的頭銜。

第二天早上，人們在河裡發現了路易斯・福克斯的屍體，他投河自殺了。

每天都會有一堆紛繁的事情要做。怎麼辦呢，總要給它們排排順序吧。
成功人士明白，永遠先做最重要的。

當美國伯利恆鋼鐵公司還是一個默默無聞的小公司時，他的老闆查理・
舒瓦曾向效率專家艾維請教，怎樣才能更高效地執行計劃。

艾維於是遞了一張紙給他，並向他說：「寫下你明天必須做的最重要的各
項工作，並按重要性的次序加以編排。明早當你走進辦公室後，先從最重要

的那一項工作做起，並持續地做下去，直到完成該項工作為止。重新檢查你的辦事次序，然後著手進行第二項重要的工作。倘若任何一項著手進行的工作花掉你整天的時間，也不用擔心。只要手中的工作是最重要的，就堅持做下去。假如按這種方法你無法完成全部的重要工作，那麼即使運用任何其他方法，你也同樣無法完成它們。而且，若不借助於編排事情的優先次序，你可能甚至連哪一種工作最為重要都不清楚。將上述的做法變成你每一個工作日裡的習慣 —— 當這個建議對你生效時，把它提供給你的下屬採用。這個試驗你想做多久就做多久，然後給我寄支票吧，你認為這個建議值多少錢就給我多少錢。」

一個月後，查理‧舒瓦寄去了一張 2.5 萬美元的支票給艾維，並附上一封信。信中說，艾維給他上了一生中最有價值的一課。5 年之後，這個當年不為人知的小鋼鐵廠一躍成為世界上最大的獨立鋼鐵廠之一。

也許你確實很有能力，老闆指派的每件事都能出色完成。但是，你不可能一輩子都是聽命於人的角色。如果讓你獨立地、實戰性地操作一項多角度、全方位的大事，在紛繁複雜的事務中，你能在千千萬萬的事務中理出頭緒來麼？這就是考驗你的時刻。

善於從諸多的小事中抓住大事、從大事中把握、做好最重要的事情，是我們每個人都應該學習的必修課。人生也是這樣，我們總是有太多的事情要做，總會有做不完的任務。我們要選擇對自己最重要的事情，然後去努力完成它，實現它。

有一種定律叫二八定律，它主張：一個小的誘因、投入和努力，通常可以產生大的結果、產出或酬勞。就字面意義看，是指你完成的工作中，80%的成果來自於你 20% 的付出。因此，對所有實際的目標，我們 80% 的努力 —— 也就是付出的大部分努力，只與成果有一點點的關係。而那重要的

20% 卻是決定成敗的關鍵。你需要做的就是區分這「二」和「八」。

但是，你知道什麼事情對你來說是最重要的麼？事情可以分為很多類別，你一定要學會區分重要的事情和緊急的事情。

有一些事情很重要，但是並不緊急。比如說你那些關於「堅持學習、提升能力、鍛鍊身體」等的計劃，它們看起來可能並不急迫，但這些事情應該是我們人生中的重要事件，因為這類事情可以讓我們的人生更成功。前面已經說過，要量化我們每天的工作。對於這類事情，更要如此，規定每天需要完成的部分，然後堅持不懈地去做。不要因為這些事情並非迫在眉睫，就避重就輕。真正有效率的人，總是急所當急並且防患於未然的。

另外有一些事情，看起來很急迫但是並不重要。比如說接電話、回覆郵件、查找那些不知被我們放在何處的文件等。在這些事情上花的時間是可以避免的，如果朋友跟你煲電話粥，你可以委婉地提醒他自己還要工作，接電話不要花太久；把文件資料之類的放置得井井有條，至少自己要知道在哪裡，不要滿世界去找一會兒要用的文件……學會恰當處理不重要但緊迫的事情，會給你留出更多時間去處理真正重要的事情。

還有一些事情是根本不需要做的，不要以為他們真的重要。一個幾乎每天都參加飯局和宴會的經理人說，在分析之後，他發覺至少有三分之一的宴請根本不需要他親自出席。有時他甚至覺得有點哭笑不得，因為主人並不真心希望他出席，他們發來邀請純粹是出於禮貌，如果他真的接受了邀請，反而會使人家感到手足無措。分析一件事情對你來說，對你所在的企業來說是不是真的重要，本身就是一件很重要的事情，不可忽視。

記住，不要被別人重要的事情牽著走，而你自己重要的事情卻沒有做，這會造成你很長時間都比較被動。

職場診療室

商界大亨喬治說過,「我只做一件事,思考和安排工作的輕重緩急,其餘的完全可以僱人來做。」善於從諸多的小事中抓住大事、從大事中把握、做好最重要的事情,是我們每個人都應該學習的必修課。我們總是有太多的工作要做,總會有做不完的任務,這就更需要我們去選擇對自己最重要的事情,然後去努力完成它,實現它。

第一次就把事情做對

有一位企業家,曾因為他的工廠總是不能按期完成生產計劃、不能按期發貨而苦惱不堪。為了趕工期,他不得不新招了 400 名工人,但是生產進度永遠趕不上訂單的增加。

他的工廠是一間非常現代化的大企業,規劃整齊,廠房明淨,共有七條裝配線,可以把不同的零件組裝在一起。在每條裝配線的盡頭都設置了檢查站,一旦出現問題就會被人記錄在一張單子上。所有有問題的產品都會被送到品管區,由最有經驗的工人負責品管的工作。在品管之後,產品就可以出廠,發給用戶。

從表面上看,好像不存在任何問題:機器不可能不出錯;所有的工人都非常敬業,他們甚至可以工作到夜裡 12 點,而且從不抱怨;技術上也沒有問題,他們所採用的技術是最先進的。但是,總會有一些產品出現這樣或那樣的問題。老闆對此雖然感到頭疼,但他仍然認為這是正常的 —— 生產過程中出現一些問題很正常。

後來有人提了個建議給老闆,那就是取消品檢區。並且告訴他,只需要做這一件事情,就可以把所有問題解決,而且以後永遠不會出現品檢。

「這是不可能的！」老闆叫道。那人勸他不妨試一下。

「取消品檢區？那品檢不良的產品在哪裡重新加工？要知道品檢的產品占了全部產品的 20％！」那個人又在紙上寫下了這樣的建議：

(1) 關閉品檢區，讓在那裡工作的人都回到各自的生產線當中去，充當師傅和品檢員。

(2) 在生產線盡頭擺上 3 張桌子，讓質量工程師、設計工程師和專業工程師各管一張；將出現的缺陷按「供應商的問題」、「生產過程中產生的問題」以及「設計的問題」進行分類，並且堅持永遠、徹底地解決和消除這些問題。

(3) 將有問題的機器送回工廠去修理。

(4) 建立「零缺陷」的工作執行標準。

老闆一臉的疑惑，但還是照著辦了。結果，他發現了許多管理問題，比如，訂購零件時，只看價格高低，沒有注意質量；沒有對生產線的工人進行很好的培訓；很多工人接受了一種觀念，那就是產品需要修正是正常的，所以不用負責任。

幾個星期之後，工廠又能正常運轉了。工人們還在製造工廠立了一個告示牌，上面寫著無故障、無缺陷產品的天數。隨著時間的推移，這個數字越來越大，甚至連他們自己都不相信。他們也學會了檢查新產品的好方法：工人一邊裝配，一邊將出現的問題提出來並解決掉。

而最讓人高興的是，由於他們提供的產品質量穩定而可靠，從而攻占了最大的市場份額。他們隨後併夠的七家工廠，無一例外都做到了這一點。即使是那些工廠的工人只有中學水準的學歷，他們都照樣做到了『沒有瑕疵品』，隨後，每家工廠的利潤都翻了 10 倍以上。

美國的西點軍校出了無數名人，他們在各行各業做出了卓越的成就。有

人詢問他們為什麼能成功，他們的答案幾乎一致：「在西點，人們只能有一個態度，就是在接受任務的時候，對自己說：『I can do it！』，中文意思就是『我能完成！』。除此之外，你沒有別的選擇。接下來的事情就是 —— 不折不扣地完成你的任務。」

　　從前，有個人迷失於沙漠之中，因為天氣非常炎熱，這個人體內的水分一點一滴地在流失，馬上就要被渴死了。他搖搖晃晃地四處摸索，終於找到一間廢棄的屋子。這間屋子飽受風雨，門窗已經蕩然無存，但門外有一個抽取地下水的水泵。他喜出望外，蹣跚地走過去，拚命抽動那個泵，但出水口還是只肯滴水，不肯流出水來。

　　失望之餘，他發現泵頂上有一個瓶子，瓶口塞著木塞，瓶身則寫著：「朋友，你要先把這瓶水灌進出水口，泵才能有水。還有，在你離開之前請把瓶子灌滿。」他打開木塞，看到瓶內果然有水。

　　他該不該孤注一擲，將瓶內的水灌進出水口？灌進去之後又抽不出水怎麼辦？這豈不是死路一條嗎？如果他把那瓶水喝光，起碼能暫時保住性命，免受渴死之苦。既然這樣，他為什麼要聽瓶身上所寫的指示，冒險把水灌進出水口？

　　但不知道為什麼，他還是遵照瓶子身上的指示去做了。他將瓶內的水灌進出水口，然後拚命地抽動那個水泵。瓶上的指示沒有錯，地下水果然從出水口源源不斷地湧出！於是，他喝了個痛快，然後把瓶子灌滿，加上木塞，並在瓶身加上這麼一句話：「上面的指示是千真萬確的。」

　　很多時候，你並沒有下一次選擇的機會。不要總說「下一次我一定做對」，在第一次的時候就把它做好吧。不能將工作一步做到位，只會浪費更多的人力物力，對你對公司都不會有什麼好處。相信你自己的能力，相信你可以一次就做好。

一次就做對吧，重新修正瑕疵品的代價太大。而且，你不一定會有下一次機會。

職場診療室

不要以為，你還有下一次選擇的機會。在第一次時，你就要下定決心把事情做對，把所有的問題都解決好。不要總說「下一次我一定做對」，重新修正的代價也許超出了你的承受能力。在工作中，不能一步做到位的後果通常是浪費更多的人力物力，對你對公司都沒有任何好處。總之，相信你自己的能力，相信你可以一次就做好。

業績是檢驗工作的唯一標準

俗話說「人往高處走」。踏入職場後，加薪、升遷，成了我們新的奮鬥目標，但如果你的努力和成績從來沒有進入上司的視線，那麼這個職場的目標恐怕永遠和你無緣。如果你想迅速在你的公司得到加薪，那麼唯一的辦法就是提升業績，直到你的業績在公司排名第一。

「實踐是檢驗真理的唯一標準。」在工作中間，業績則是檢驗薪酬的唯一標準，也是促進企業良好發展的動力。因為任何一家企業要想生存、發展，都必須要獲取利潤，這是企業存在的根本。它同時也決定了企業要想長期發展，必須要有一群能力卓越、忠心耿耿而且業績突出的員工。而反過來說，企業一般也會給予這些優秀員工以優厚的回報。

在如今競爭激烈的職場上，如果能在工作的每一個階段都能夠找出更有效率、更經濟的辦事方法，你就能夠提升自己在老闆心中的地位，得到加薪和升遷，因為你出色的業績會使你變成一位不可替代的重要人物。

只有好的成績才能夠得到上司和企業的認可，只有好的成績才能夠證明

自己的真才實學。因為好的成績是令每一個上司和企業都非常欣慰的。所以我們工作中的所有的付出和過程只是一個鋪墊，要證明自己有用就必須要靠業績說話，結果才是最重要的。

主人外出，召來三個僕人，按他們不同才幹分配銀子：A五千、B兩千、C一千。主人走後，A、B二人用所得銀子做生意，分別賺了五千、兩千；C僕人謹小慎微，為顯示對主人的忠誠，將一千兩銀子埋了起來。主人回來後，對A、B二人讚賞有嘉，說：「好，我要把許多事派你們管理，讓你們享受自己做主的歡樂。」對C僕人，則斥其懶惰與膽怯，逐出門外，並將一千兩銀子獎賞給另外兩位僕人。

現代企業需要的不僅是忠實，更渴求膽識與業績！畏首畏尾，從不冒險的企業家頂多維持不虧本的境地，同樣，習慣於保守而不敢冒險作出更大成績的員工，也只能在自己的職場生涯中原地踏步，無法獲得發展和晉升。

職場中有一句很多人都知道的話：要想不犯錯誤，那就少工作。其實，無論對誰，風險和收益的大小都是成正比的。如果風險小，許多人都會去追求這種機會，但收益也不會很大；如果風險大，許多人就會望而卻步，所以能得到的利益也就大些。從這個意義上來說，有風險才有收益。可以說，收益就是對人們所承擔的風險的相應補償。也正因如此，我們要想做出業績，就必須有冒險的精神。

同時，一個人在工作中是否用腦子工作，是其是否聰明工作的一個主要表現。一個人只有認真地思考自己的工作和職責，才能更好地提升自己的績效，獲得團隊和上司的認可和尊重。

小余和小吳畢業後，同時被一家汽車銷售店聘為業務。同為新人，兩人的表現卻大相逕庭：小余每天都跟在銷售前輩身後，留心記下別人的銷售技巧，沒有顧客的時候就坐在一邊翻看和默記不同車款的配置；而小吳則把心

思放在了如何討好老闆上，掐算好時間，每到老闆進門時，他都會裝模作樣地拿起刷子為汽車做清潔。

一年過去了，小余潛心鑽研業務終於得到回報，不僅在新人中銷售業績遙遙領先，在整個公司的業績排名中也名列前茅，並在年底順利地被提升為銷售顧問。而小吳卻因為連續數月業績不達標而慘遭淘汰。

可見，要想得到上司的重視，業績這個硬體是千萬不能忽視的。無論平時在主管面前把自己包裝得多麼完美，但關鍵時刻，業績才是最能打動老闆的心的。

現在大部分公司都實行職位薪酬制，除一定數額的基本薪資，其餘諸如提成、獎金、福利等完全根據個人工作業績來決定，業績高則收入高，否則就只能是低薪。在銷售、保險等產業，其收入更是取決於工作業績，可以說完全視個人能力而定。

所以，作為一名員工，無論你曾經付出了多少心血，做了多大努力，也不管你學歷有多高，工作年限有多長，人品是如何的高尚，只要你拿不出業績，那麼老闆就會覺得他付給你薪水是在浪費金錢，你的結局也就不言自明。

因此，假如你在職場上屢屢遭受打擊，總是拿不到你想像中的高薪資，那麼你不妨自省一下：你的工作業績是否達到了最為理想的狀態？假如答案是否定的，那麼你就要努力把你的業績提升上去。因為作為一名員工，只有工作業績才能最終證明他的工作能力，體現出他在公司的存在價值。與之相反，如果你沒有能力改善公司的業績或者不能出色地完成本職工作，你不但將失去要求企業給予獎勵、加薪的資格，而且還會因為自己的業績平平而面臨被淘汰的危險。

當然，出色的業績也並非口頭上說說就能輕易做到的，這需要我們在

工作的每一個階段都能夠找出更有效率、更經濟的方法以提升自己的工作業績。

職場診療室

越是大公司就越會關注業績，美國奇異公司原總裁傑克·威爾許提出的「NO.1 or NO.2」（數一數二）的口號就是對此最好的詮釋。作為現代企業的一名員工，在工作過程中必須用自己的成績去證明自己的能力和價值，必須對企業的發展有所貢獻，這樣你才會得到企業的重用，贏得老闆的青睞並獲得更高的薪水。

把「精業」作為工作目標

社會百態變化無窮，但不論你從事哪一個產業，只要能成為一個領域的行家，自然就在所從事的領域中占據優勢，自然也就能贏得更多的重視。

在我們的整個職業生涯中，每個人都會希望獲取一些能證明自己能力的認證，至少想要向別人展示自己完成了某些或某項課程，畢業證和各種證書成了證明自己能力的一種方式。不過僅僅這種方式還是不能證明你是否真正有能力，想要真正獲取別人的認同，關鍵還是要有真才實學。當你成為某個領域或者是某一方面的專業人才時，就會擁有更多的薪水、前途和發展的機會。

只要你留心觀察各種關於人才市場的報導，你就會發現，現在社會上非常缺乏熟練的、精細的、專業能力強的技術工人。一個工廠的技術工人表面看起來可能沒有公司白領那麼顯眼，但是，他們卻成為了社會奇缺的人才，成了工廠重視的對象。一個技術非常熟練精細的技術工人所獲得的待遇和白領相差無幾，甚至比白領還要多，因為他們成了一個領域內的專家。比如鉗

71

工、銲接工等等。不要輕視自己的工作，再普通的工作，只要在這個領域懂的知識能比別人多，做得能比別人好，就能占據很大的優勢。而且，這樣的人才是所有老闆都想要的。

有一家化工企業耗費巨資從國外購買了一台智慧型機器，可是，懂得操作這台機器的人卻寥寥無幾。幾經周折，獵頭公司為這家企業找到一位能操作這台機器的工人，最終敲定年薪 30 萬，這家公司甚至表示願意跟他簽訂終身合約。

事實上，也正是因為高級技工緊缺，很多企業都選擇跟大學合作，比如把公司的舊設備送到大學裡，讓學生在掌握專業知識之餘也能到設備上實際操作、鍛鍊，畢業之後就可以直接進入企業工作。這樣既解決了學生的就業問題，又幫助企業培養了既能動腦又能動手的專業人才。

不論哪一種產業，如果我們使自己成為某個方面的專業人才，即使是再普通的工作，也能給我們帶來獲得高薪。所以，千萬不要小看自己的職業，只要你具備了扎實的專業技能，就能在自己工作的領域內平穩發展。一個人想要在職場中有自己的位置，就一定要具備這樣的能力，這是確保你獲得職業安全感的一種方式。想要獲得一份屬於自己的特定事業，有自己的特長是非常重要的。

社會分工的細化更能告訴我們這樣一個道理，社會更需要在某一方面技術成熟的專業人才。這個問題其實很多應徵單位都有感受，公司確實有空缺的工作職位，但卻很難找到符合條件的人選，所以現在社會上出現了一種公司需要招人卻招不到人，應徵者需要找工作卻找不到工作的現象。其實用人單位的要求並不高，只需要熟練掌握其中的某一項技能就能達到要求，但是多數的應徵者都不符合要求。

因此，對於職場中人來說，想要讓自己獲得高薪，在某一個方面有自己

特定的能力就是保證長期贏得勝利的關鍵。

　　企業成功的關鍵是人才。要敬業，要專業，更要精業。這是當今企業對人才的普遍要求。麥當勞早在 40 多年前，就創辦了漢堡包大學，主要對員工進行「敬業＋精業」的系統培訓。一位事業成功的企業老闆說：「能做一根質量夠優良的針，也比只會製造一台糟糕的蒸汽機要好。」製造一根「質量夠優良的針」，就是敬業精神，更是精業精神。

　　成為某個領域的專家，再加上在工作中懂得揚長避短來讓自己的優勢得以發揮，那麼，在自己的努力和勤奮下，一定會贏得自己滿意的高薪和職位。因為這樣的人，無論在什麼時候在什麼地方，都是企業不可多得的人才。

職場診療室

在企業中，那種什麼都聽說過，卻什麼也都做不好的人是最不受歡迎的。只有那些在某一方面有專長的人，才是企業最為需要的人才。不論何種產業，如果我們使自己成為某個方面的專業人才，即使是再普通的工作，也能給我們帶來豐厚的回報。

第四章
細節到位：在小事中磨礪自己

如果自身偉大，任何工作你都不會覺得渺小。

——麥克唐納

偉大的事業是根源於堅韌不斷的工作，以全副精神去從事，不避艱苦。

——羅素

你能在小事中一鳴驚人嗎？

俗話說：「小事成就大事，細節成就完美。」只有在小事上認真的人，做大事才會卓越。有位智者說：「不關注小事或者不做小事的人，很難相信他會做出什麼大事來。做大事的成就感和自信心是由做小事的成就感積累起來的。」

所以，不要討厭做小事情，也不要小看小事情。很多時候，小事不一定就小，大事不一定真大，關鍵在做事者的認知能力。那些一心想做大事的人，常常對小事嗤之以鼻，不屑一顧。其實，連小事情都做不好的人，大事是很難成功的。細微之處見精神，有做小事的精神，才能產生做大事的氣魄。生活中任何一件小事都能體現一個人的智慧和美德。「勿以善小而不為，勿以惡小而為之。」工作中越是細小的東西，越能體現你對工作認真、敬業程度，越能檢驗你對公司的忠誠和為人的品質。

一個想在職場中有所作為的人，必須自覺地從身邊的「小事」做起，在小事中一鳴驚人。

投機取巧將一事無成

世界上絕頂聰明的人很少，絕對愚笨的人也不多，一般人都具有正常的能力與智慧。那麼，為什麼有些人成功了而有些人卻總是遭受失敗呢？這裡面最重要的一個原因就是他們對待工作所持有的態度。

那些對工作認真負責的人，在認真工作中獲得了掌控自己命運的能力，同時也將自己的事業一步一步推向高峰；而那些習慣於投機取巧的人，不願意付出與成功相應的努力，卻希望到達輝煌的巔峰，不願意經過艱難的道路，卻渴望取得事業上的勝利。這豈不是癡人說夢？

　　一個人看見一隻幼蝶在繭中拚命掙扎了很久，覺得它太辛苦了，出於憐憫，就用剪刀小心翼翼地將繭剪開了一些，讓它輕易地爬了出來，然而不久這只幼蝶竟死掉了。

　　幼蝶在繭中掙扎是生命過程中不可缺少的一部分，是為了讓身體更加結實、翅膀更加有力，而開繭這種投機取巧的方法只會讓其喪失生存和飛翔的能力。

　　對自己的工作和行為百分百負責的人，他們會更願意花時間去研究各種機會和可能性，顯得更值得信賴，也因此能獲得更多人的尊敬；相反，對工作總是敷衍了事的人，他們更願意發揮自己投機取巧、避重就輕的「特長」，更願意在「上有政策，下有對策」上發揮自己的聰明才智，並以讓自己在工作中能隨意獲得片刻的輕閒為榮。這兩種人，前者在工作中認真負責也許並不會立刻得到什麼回報，但他因為一絲不苟所培養起來的品格，所獲得的經驗和智慧，終究會使他在今後的事業上一往無前；而後者在工作中投機取巧也許能讓他得到一時的便利，但他因為長期在工作中避重就輕、無所建樹，他的工作能力不僅會為之退化，品格也會變得墮落，為自己的一生埋下隱患。

　　投機取巧實在是一種普遍的社會心態，而成功者的祕訣恰恰就在於他們能夠超越這種心態。

　　在一家電腦銷售公司裡，老闆吩咐三個人去做同一件事：到供貨商那裡去調查一下電腦的數量、價格和品質。

　　第一個人 5 分鐘就回來了，他並沒有親自去調查，而是向下屬打聽了一下供貨商的情況，就回來做報告。

　　30 分鐘後，第二個人回來報告，他親自到供貨商那裡了解了一下電腦的數量、價格和品質。

第三個人90分鐘後才回來報告。原來，他不但親自到供貨商那裡了解了電腦的數量、價格和品質，而且根據公司的採購需求，將供貨商那裡最有價值的商品做了詳細記錄，並和供貨商的銷售經理取得了聯繫。另外，在返回途中，他還去了另外兩家供貨商那裡了解了其他相關資訊，並將三家供貨商的情況做了詳細的比較，制定出了最佳購買方案。

結果，第二天公司開會，第一名員工被老闆當眾訓斥了一頓，並警告他如果下一次出現類似情況，公司將開除他。第三名員工，因為恪盡職守，表現出色，在會議上受到老闆的大力讚揚，並當場給予了獎勵。

在這三個人當中，你認為自己屬於哪一種人呢？

如果你想在公司獲得成功，必須做第三個人，這種人無論身居何處，都是企業殷切希望網羅的人才。如果你想獲得很多，就必須付出得比別人更多，尤其重要的一點是：你必須做一個認真負責的人，而不是一個投機取巧的人。

職場診療室

對工作認真負責，也許不會立刻就有什麼回報，但對工作一絲不苟所培養起來的品格，所獲得的經驗和成長的智慧，終究會使你在事業上一往無前。而習慣於投機取巧的人，沒有付出與成功相應的努力，是不可能獲得成功的。這就是英國諺語中常說的：「只有認真負責的人，才能獲得了掌控自己命運的能力。」

以小見大，做到完美

這是一個細節取勝的時代，細節的作用怎麼強調都不為過。

湯姆21歲進入了一家集團公司，他被派往紐約分公司從事財務工作。

在工作中，他發現分公司的財務軟體與總公司電腦系統之間有一些不相容的地方。這套財務軟體來自一家著名的軟體公司，它的強大功能不容置疑。但是，問題的確存在，儘管只是小問題，但是處理起來非常的繁瑣，並且不可避免地會造成一些錯誤。

湯姆決定改善這個軟體，他請教了許多相關專業的朋友，經過幾個月的努力，他成功地解決了問題。

改善後的軟體被應用於財務工作中，員工反映非常好。幾個月後，公司董事長來到紐約分公司視察，湯姆為他展示了這個軟體。董事長馬上發現了這套軟體的優越性能。很快，這個軟體便被推廣到集團在全美的各個分公司。

三年後，湯姆成為集團最年輕的分公司經理。

工作中有許多細微小事往往是被我們所忽略的地方，有心的員工卻不會忽視這些不起眼的小事。在別人沒有注意到的地方留心，把每一個細節都盡可能做到盡善盡美。如此敬業的工作態度，讓你無法不耀眼。俗話說，大處著眼，小處著手。學著做些小事，在老闆看來，也許是填缺補漏，但時間長了，你考慮事情周到、能吃苦、工作扎實的作風就會深深地印在老闆心中。

一個年輕人在家鄉做鐵匠，但是因為日子並不好混，所以想要到大城市碰碰運氣。他到了一個工廠的組裝工廠做工。

但是三個月之後，他對朋友抱怨，說他不想再呆在那兒了，「這份工作讓我厭煩透了！你知道嗎，我每天的工作不過是在生產線上將一個螺絲擰到它該待的地方，每日每夜地只是重複著同一個動作，這讓我覺得自己像個傻子！」

朋友提議他再幹一個月再說，他悶悶不樂地回去了。

但是兩個星期之後，他興高采烈地來找朋友：「嘿，夥計！你知道嗎？

第四章　細節到位：在小事中磨礪自己

我現在覺得這份工作真是棒極了！今天我在擰螺絲的時候發現那個地方有條小小的裂縫，於是我找到頭兒，把這件事情告訴了他。你知道，他向來都只會板著臉監視我們，但是今天，他居然對我笑了，並當著所有人的面誇了我！」

一個月過去，他再次來找朋友：「你知道嗎？今天主管來巡視工廠，我對他說：『為什麼你們不把車吊高一點，好讓我擰螺絲的時候能動作快一點，而非要讓我彎著腰、扭著脖子慢慢地擰那顆螺絲呢？』主管聽了我說的話，居然認真地觀察了我的工作，說他會考慮。」

朋友笑著問他：「那麼你還打不打算辭掉這份讓你厭煩透頂的工作呢？」

「你在開什麼玩笑！」他拍著朋友的肩膀說，「這份工作需要我，我現在不知道有多喜歡幹這份工作！」

只有深入細節中去，才能從細節中獲得回報，才能從工作中獲得成就感，發現工作帶給你的巨大樂趣。細節是一種創造，能產生效益，引領你走向成功的彼岸。

1961 年 4 月 12 日，蘇聯太空人加加林乘坐「東方 1 號」太空船進入太空邀遊了 89 分鐘，成為世界上第一位進入太空的太空人。他為什麼能夠從 20 多名太空人中脫穎而出？

原來，在確定人選前一個星期，太空船的主設計師科羅廖夫發現，在進入太空船前，只有加加林一個人脫下鞋子，只穿襪子進入座艙。就是這個細小的舉動一下子贏得了科羅廖夫的好感，他感到這個 27 歲的青年既懂規矩，又如此珍愛他為之傾注心血的飛船，於是決定讓加加林執行人類首次太空飛行的神聖使命。加加林透過一個不經意的細節，表現了他珍愛他人勞動成果的修養和素養，也使他成為邀遊太空的第一人。

加加林是細節的受益者，然而因為細節的不慎導致錯失機會的也大

有人在。

　　某外資企業招聘，報酬豐厚，要求嚴格。一些高學歷的年輕人過五關斬六將，幾乎就要如願以償了。最後一關是總經理面試。在到了面試時間之後，總經理突然說：「我有點急事，請等我 10 分鐘。」總經理走後，躊躇滿志的年輕人們圍住了老闆的大辦公桌，你看文件，我看來信，沒一人閒著。10 分鐘後，總經理回來了，宣布說：「面試已經結束，很遺憾，你們都沒有被錄取。」年輕人驚惑不已：「面試還沒開始呢！」總經理說：「我不在期間，你們的表現就是面試。本公司不能錄取隨便翻閱主管文件的人。」年輕人們全傻了。

　　成也細節，敗也細節。生活中很多人就是因為這些小小的不經意，錯失了成功的機會。而那些注意抓住細節、細心做人處世的人，卻往往獲得意想不到的成功。

　　看不到細節，或者不把細節當回事的人，對工作缺乏認真的態度，對工作只能是敷衍了事。這種人無法把工作當作一種樂趣，而只是當作一種不得不受的苦役，因而在工作中缺乏熱情。他們只能永遠做別人分配給他們做的工作，甚至即使這樣也不能把事情做好。而考慮到細節、注重細節的人，不僅認真對待工作，將小事做細，而且注重在做事的細節中找到機會，從而使自己走上成功之路。

　　小事成就大事，細節成就完美。成功其實有時候很簡單，需要的只是對細節的關注，成功往往就在一瞬間。

問題無大小，工作無小事

做一名優秀的員工是升遷加薪的開始。不論任何職位，不論任何事情，想要做優秀的員工，就必須從每一件小事做起，把每一件小事都做好。

俗話說，細節決定成敗。很多人之所以沒有成功就是因為沒有重視細節。事實上，這絕對不是一個優秀員工所應該持有的態度。麥當勞的創始人克洛克曾經說過：「我強調細節的重要性。假如你想經營出色，就必須使每一項最基本的工作都盡善盡美。」惠普公司的創始人戴維‧帕卡德也說：「小事成就大事，細節成就完美。」可見，要想把工作做得盡善盡美，就要摒棄小事無關大局的思想。

20 世紀最偉大的建築大師路德維希‧密斯‧凡德羅，不論你的建築設計方案如何恢弘大氣，如果你對細節的把握不到位的話，就不能稱之為一件好的作品。他說：「細節的準確、生動可以成就一件偉大的作品，而細節的疏忽會毀壞一個宏偉的計劃。」美國有很多一流的劇院都出自德維希‧密斯‧凡德羅之手。他在設計每個劇院時都要精確測算每個位置、舞台與音響之間的距離以及因為距離差異而導致的視覺、聽覺上的不同感受，從而計算出不同座位可以透過哪些調整以使觀眾獲得最佳的視覺、聽覺效果。不僅如此，他甚至

還一個座位一個座位地親自去測試和敲打，然後根據每個座位的位置測定其適合的擺放、傾斜度和螺絲釘的位置等等。

與此形成鮮明對比的是，很多人對日常工作敷衍了事，根本沒有意識到把每一件小事做好就是在為成功積累基石。事實上，有些事或許看似很簡單、很平庸，有心人卻能在這些小事上做文章，從中發現規律和機會，這不僅是一種技能，也是一種發現晉升契機的智慧。

喬治是一家牙刷公司的員工。有一次，他為了趕時間，刷牙時匆匆忙忙使得牙齦出血了，這使得他非常惱火。到了公司後，他和幾個同事提及此事，並討論如何解決牙刷容易傷及牙齦的問題。

他們想了很多解決問題的辦法，比如刷牙前用熱水把牙刷泡軟、多用牙膏、把牙刷毛改為柔軟的狸毛等等，但最終的效果都不是很理想。他們又經過進一步的仔細研究，發現牙刷毛的頂端不是人們想像中的圓形的，而是四方形的，而這恰恰是造成牙齦出血的最終因素。喬治想：「要是把牙刷毛改成圓形的，不就能有效地避免對牙齦造成的強烈刺激了嗎？」於是他和同事們著手開始對牙刷毛進行改進。

經過試驗取得成效後，喬治便正式向公司提出了改變牙刷毛形狀的建議，公司老闆覺得這是一個非常不錯的建議，於是欣然採納，把全部牙刷毛頂端改成圓形。改進後的牙刷在廣告宣傳的配合下銷量直線上升，最後占到了市場占有率的40％以上，公司的銷售業績翻了幾番，喬治也因此獲得了升遷加薪的豐厚獎勵。

牙刷不好用，在一般人看來，是司空見慣的小事，沒有誰會真正地把它當作一個問題來研究。但喬治卻發現了這個問題，並對此進行細緻的分析，從而使自己和所在的公司都取得了成功。透過這件事情，我們是否也能得到某種啟迪呢？

第四章　細節到位：在小事中磨礪自己

每一件大事都是由無數件小事和瑣事組成，如果人人抱著「問題無大小，工作無小事」的態度，那麼所有的工作會變得非常順利和完美。與此相反的是，如果一時大意，導致某個環節出了問題，就會使全局受到不同程度的影響甚至是失敗。

2003 年 2 月，美國哥倫比亞號太空梭在結束了為期 16 天的太空任務之後返回地球時，在著陸前發生意外，太空梭解體墜毀，七名太空人罹難。

美國國家航空暨太空總署太空梭項目負責人迪特摩爾說，太空梭的表面覆蓋有 2 萬塊絕熱瓦和 2300 塊絕熱毯，由於安裝絕熱瓦要求精確的工藝，必須由工人用手一片片地安裝上去。哥倫比亞號在和地面失去聯繫之前的幾秒鐘向左翼傾斜，這種現象表明飛機墜毀可能與一到多塊絕熱瓦的脫落有關。

一塊絕熱瓦的安裝出現了問題，就導致了如此巨大的科學探索事故，由此可見細節的重要性。《細節決定成敗》一書中已經詳細論證過：細節對一個公司的成敗起著關鍵的因素。很多公司無論在策略上還是在戰術上，都完美的無可挑剔，可最後卻功虧一簣。為什麼？究其原因，就是因為一些人在工作中不注意細節，結果產生「千里之堤，潰於蟻穴」的結局。

作為企業的一名員工，或許你終日都在從事著容易讓人不以為然的瑣事，但千萬不要有懈怠的想法，要知道，任何一個細節都關係著成敗，牽一髮而動全身，任何一件小事都有其特定的意義和影響。

一個人如果能把每一件小事，每一個細節做到最好，那麼他必定能夠成功，而且這種成功更能經受住歲月的打磨。工作中本來就沒有小事，而高職位、高薪水的獲得，往往也就體現在這種對細節的把握上。很多職業經理人，尤其是外企的職業經理人之所以能夠獲得高薪，靠的就是對細節的把握。因為他們的主要責任就是「執行」，而要想執行到位，也就意味著對工作

中每一個細節的操作都要到位。

職場診療室

麥當勞之所以獲得成功，跟它關注細節不無關係，正如其創始人克洛克所說，「我強調細節的重要性。假如你想經營出色，就必須使每一項最基本的工作都盡善盡美。」很多人之所以沒有成功，就是因為沒有重視細節。不論任何職位，不論任何事情，想要做一名優秀的員工，就必須從每一件小事做起，把每一件小事都做好。

沒有上限的工作標準

韓國現代集團的前人力資源部經理樸志勛在談到對員工的要求時這樣說：「我們認為對員工的最好的要求是，他們能夠自己在內心中為自己樹立一個標準，而這個標準應該符合他們所能夠做到的最好的狀態，並引領他們達到完美的狀態。」

這位人力資源主管的話，無疑代表著現代社會各家企業、公司較為普遍的擇人觀念。

如今，任何一家公司對員工的期望，都不再滿足於公司規定怎麼做，員工便去怎麼做，而是期望員工能夠自我加壓、自我完善，成為能創造自身最大價值的人。這就要求員工心中必須具有對自己的高要求，這樣才能達到自我管理、自我發揮的狀態。

在各種產業中，零售業是最考驗服務水平的產業。

很多企業管理專家都研究過沃爾瑪成功的原因，認為「服務無上限」是其成功的最大原因，其結論有三：

其一，沃爾瑪擁有全球性的資訊網路，能夠及時有效地反應全球的零售

業變化；

其二，沃爾瑪擁有整體高效的成本分攤系統；

其三，沃爾瑪員工提供了優質而無可挑剔的服務。

在沃爾瑪的店面裡，員工都以最高的工作標準要求自己。員工的微笑服務、耐心、誠實早已是最基本的準則。他們追求的是向心中的完美狀態進發。擁有這樣員工的沃爾瑪當然不可阻擋地成為零售業的巨人，甚至超過了石油、鋼鐵、汽車和金融業的大廠，成為世界企業 500 強的第一名。而沃爾瑪的員工也為自己是沃爾瑪的一員而驕傲，因為這意味著優秀、完美和卓越。這便是員工用最高的標準要求自己，給企業和自己帶來巨大效益的祕訣之一。

美國的馬丁·路德·金曾經說過：「如果一個人是清潔工，那麼他也應該像米開朗基羅繪畫、像貝多芬譜曲、像莎士比亞寫詩一樣，以同樣的心情來清掃街道。」假如你能以這種心態做事，目標的達成自然就順理成章。

18 世紀的諷刺文學家、哲學家伏爾泰（1694—1778）創作的悲劇《查伊爾》公演後，受到觀眾很高的評價，許多專家也認為這是一部成功之作。但當時，伏爾泰本人對這一劇作並不滿意，認為劇中對人物性格的刻畫和故事情節的描寫，還有許多不足之處。因此，他拿起筆來一次又一次地反覆修改，直到自己滿意才肯罷休。為此，伏爾泰還惹下了一段風波。

經伏爾泰這樣精心修改後，劇本確實一次比一次好，但演員們卻非常厭煩，因為他每修改一次，演員們都要按修改後的劇本排練一次，這要花費許多精力和時間。為此，出演該劇的主要演員杜孚林氣得拒絕和伏爾泰見面，不願意接受伏爾泰經過多次修改後的劇本。這可把伏爾泰急壞了，他不得不親自上門把劇本塞進杜孚林住所的信箱裡。然而，杜孚林還是不願去看那些重新修改的劇本。

　　有一天，伏爾泰得到一個消息，杜孚林要舉行盛大宴會招待友人。於是，他買了一個大餡餅和十二只山鶉，請人送到杜孚林的宴席上。

　　杜孚林高興地收下了。在朋友們的熱烈掌聲中。他叫人把禮物端到餐桌上用刀切開，當在場的人把禮物切開時，所有的客人都大吃一驚，原來每一隻山鶉的嘴裡都塞滿了紙。他們將紙展開一看，原來是伏爾泰修改後的劇本。

　　杜孚林哭笑不得，最後只好按伏爾泰重新修改後的劇本演出。這個最終定稿的劇本一經演出，立刻在社會上引起了強烈的反響，獲得了極大的成功。

　　伏爾泰作為世界著名的大文豪、大作家尚且如此兢兢業業，那麼你呢？其實，對每一個人來說，只有用高標準要求自己不斷發現和改進自己作品的不足之處，才可能成就精美的作品和人生。

　　盡力將工作做到最好，力求完美、出色，這樣，你良好的職業道德就蘊涵其中了。

　　堅持標準和質量可以提升自身的能力和素養，可以激發每個人的智慧和提升個人的工作能力。優秀的員工總是堅持高品質的做事標準，他們時刻要求自己把每一項工作當成事業來做。

　　瓦德西出生在一個貧苦的家庭，只受過短暫學校教育的他，15歲時就到一個農莊做了馬伕。然而瓦德西並沒有自暴自棄，無時無刻不在尋找著發展的機遇。三年後，瓦德西來到鋼鐵大王卡內基所屬的一個建築工地打工。一踏進建築工地，瓦德西就抱定了要做同事中最優秀的人的決心。當其他人在抱怨工作辛苦、薪水低而怠工的時候，瓦德西卻默默地積累著工作經驗，並自學建築知識。

　　一天晚上，同伴們在閒聊，唯獨瓦德西躲在角落裡看書。那天恰巧公司

經理到工地檢查工作，經理看了看瓦德西手中的書，打開他的筆記本，什麼也沒說就走了。第二天，公司經理把瓦德西叫到辦公室，問：「你學那些東西幹什麼？」瓦德西說：「我想我們公司並不缺少體力工作者，缺少的是既有工作經驗、又有專業知識的技術人員或管理者，對嗎？」經理點了點頭。

不久，瓦德西就被晉升為技師。打工者中，有些人諷刺挖苦瓦德西，他回答說：「我不光是在為老闆打工，更不單純為了賺錢，我是在透過努力工作來提升自己。我要使自己工作所產生的價值遠遠超過我所得的薪水。只有這樣我才能得到重用，才能獲得機遇！」抱著這樣的信念，瓦德西一步步升到了總工程師的職位。35 歲那年，瓦德西做了這家建築公司的總經理。

日本的松下幸之助有一次發表講話時說：「每次看到員工努力進取的情景，我都感到非常欣慰。在這令人憂患的時代，本公司能很快從戰爭所帶來的混亂中站起來，走向復興，就是因為我們比任何創業者都更能爭取上進。我認為人人必須不甘於平庸，努力向上，才能創造出佳績。」

完美的標準實際上是一個不斷努力的過程。事實上很多人都不能很好地理解「標準沒有上限」這句話。他們在工作中都認為只要做到了工作的全部要求，做到了工作的 100 分也就是達到了完美的狀態。完美其實不是一種最終的結果，而是一個不斷追求完美的過程。在這個過程中，向完美進發的人對自己永遠都處於不滿足的狀態中，他知道自己對於工作或者人生都是不完美的，即使自己在努力地按照要求去工作，但是這對完美來說還是不夠。因為完美對應的是一種更高層次的人生境界。在這樣的人生境界中，每個人都必須不斷地努力才有可能獲得進一步發展的機會。

職場診療室

完美不是一種最終的結果，而是一個過程。完美的標準就在於一種不斷努力地過程中。「標準沒有上限」可以提升自身的能力和素養，可以激發每個人的智慧和提升個人的工作能力。優秀的員工不僅堅持公司的做事標準，而且時刻要求自己把每一項工作當成事業來做。盡力將工作做到最好，力求完美、出色，這樣，你良好的職業道德就蘊涵其中了。

把辦公室裡的小事做到位

在辦公室裡，有許多看上去是小事的行為，但實際上卻影響著自己的工作和前途。小事是你的綜合素養的折射，也是你的個性區別於他人的表現。如果你想取得更大的成功，就不要忽略這些小事。

一、管理好你的辦公桌

辦公室裡的辦公桌實際上就是一面工作的鏡子，透過它可以判斷出一個人的工作態度和能力。一張整齊的桌子會使人的感覺很舒服，對工作的印象也會變好。辦公桌上可以放一些必要的常用文件或備用物品等，並且要注意分類，如文件夾、電話、鋼筆、紙張等都要放在固定的位置，以方便在工作中使用。

你的辦公桌要整齊清潔，切忌把不必要的物品堆積在桌面上，不要把你的辦公桌弄得比垃圾筒還要髒亂。即使你喜歡那種食物發酵的氣味，也還是把這種習慣留在家裡自己享用吧。當別人皺著眉頭經過你的辦公桌時，你要意識到自己的辦公桌應該馬上收拾了。

不要總是公為私用，對辦公室的公用之物，要節約、愛惜；不要把大家公用的物品占為己有，要養成良好的習慣，把所用的各種物品放回原位，以方便他人使用。對於不經常使用的物品，特別是與工作不相關的物品，最好不要放在辦公室裡，以免被上司發現，留下不好的印象。

二、守時很重要

在上班時，最好養成提前 10 分鐘到達辦公室的習慣，如果因特殊情況延誤了上班時間，要想方設法打通知公司。如果遭遇突發事件，沒有辦法通知公司，到公司後一定要立即主動向上司說明原因，取得諒解。不能默不作聲，沒有任何交代。否則，多次這樣難免在上司和同事心目中產生一種不信任感，不敢把一些重要工作交給你。上班是人們生活中不可缺少的一部分，與做其他事情一樣，上班前需要做一些準備，這樣就會避免因為倉促上陣而丟三落四，準備好攜帶的個人名片、辦公室鑰匙、記事本、通訊錄、手機等。每天去公司時，要提前出門，預留出交通堵塞的時間，以保證準時到達公司。

如果你踩著鈴聲踏進辦公室，手裡抓著沒來得急吃的早點，然後在眾人注視下坐在辦公桌前，不管這一天你做得多有成效，你的成績也會在他人心中大打折扣。

三、小心接電話

在當今資訊十分發達的資訊時代，電話是社會交往最頻繁使用的通訊工具，因此，電話溝通也就成為你工作中不可缺少的一部分。

在打電話時，要注意保持禮貌，因為公司裡的電話交談對象，絕大多數是公司生意上往來的客戶，或是潛在的客戶，所以在接聽電話時，雖然不清

楚對方是誰，但也要表現出應有的禮貌，讓每位來電話的人或接聽電話者留下美好的印象。

在打工作電話之前要列好所要交談的內容，以免遺漏或重複。如果是對方打過來的電話，把正常的事務交待清楚後，就可以禮貌地掛電話，不要長時間地閒聊，這樣既浪費時間，也影響對方對你的形象和評價。

在撥打或接聽電話時，說話的聲音要清晰、明亮，語速適中。不要過於大聲，或說話的速度過快，或吐字不清、發音不準等，否則，容易使對方聽不清楚或產生誤解。

在日常工作中，經常會有電話打進來，這時就要立即去接，並隨口報出自己公司的名稱，把紙筆放在手邊，隨時做好記錄的準備。

當對方報出自己的姓名或公司後，一定要寒暄一兩句，表示自己的熱情和禮貌，然後要快速地進入正題，不可無休止地閒扯。有時會遇到一些客戶不主動報出身分，這時就要有禮貌地詢問對方，當確認對方的身分後，可表示歉意沒能聽出對方的聲音。在談話結束後，記住一定要說再見或表示感謝的話語，切記不可突然就把電話掛斷。

很多時候會遇到正在接聽一個電話時，另一個電話又恰巧打進來，而且是必須接聽的緊急電話，在這種情況下，應向對方表示歉意，並說明情況，跟對方說自己稍後再打過去。切記，必須是得到對方的同意後，才可掛斷去接聽另一個電話，否則，會使對方感到受了冷落，嚴重的話可能因此而失去一個重要的客戶。

當接到找其他同事的電話時，要禮貌地表示請對方稍等，語氣溫和委婉，並即刻轉給當事人。如果同事不在辦公室裡，要實事求是地告訴對方，同事外出公幹或出差、有事請假等。如果對方要求留口信，應將內容認真、清楚、正確地記錄下來，並且要附上對方的公司名稱、對方的姓名以及打電

話的時間等，記錄盡量詳細，並轉交給同事。

在電話交談中要注意不要把事情或時間、地點、人物等事項聽錯。尤其是當遇到容易混淆發音的字詞時，更是容易造成雙方的誤解。因此，為了避免這類事情的發生，在接聽電話時，應將這一重點重複一遍確定無誤。如果遇到對方口齒不太清楚，或是說話聲音微弱，應禮貌地要求對方再重複一遍，避免出現差錯。

電話交談的弊端就是看不到對方的表情，這就不可避免地會出現一些意想不到的錯誤，例如，不知道對方正在開會，或有客人在旁邊，而無休止地長談，或把對方誤認為是要找的對象而泄露了公司的機密等。因此，在與對方通電話時，應先確認對方的身分，而後了解對方目前的狀況，是否適合接長時間交談的電話，如有不便，可改時間再聯繫；然後要開門見山地把要交談的事情告訴對方，使對方明白交談的內容，可以順利地進入正題。

由於電話只能憑聲音與對方溝通，因此在交談中選擇所使用的詞語時應小心謹慎，盡量注意一些細節。不可僅憑聲音來判斷對方的年齡或職務，聲音年輕的也有可能就是對方公司的董事長。不可在等待接聽的間隙隨便說話，要時刻記住對方正在話筒的另一頭聆聽。有一些人認為電話那頭看不到自己的面部表情，而在態度上有所怠慢，卻不知說話的語調會隨著態度而改變。要把在電話中交談看作是面對面的交談，要在態度上誠懇熱情，讓對方感覺到你的熱情。在與對方交談時，無論你是多麼認真地傾聽對方的談話，但如果一直默不作聲，或沒有絲毫的反應，也會使對方感到困惑，因此，在聆聽對方談話時，要不時地附和，使對方明白你在認真聆聽。

四、辦公室接待和訪問須知

在走廊上遇到上司或來訪的客人時，如果是相對而行，應讓到一側行

走。如果是同方向而行，當對方走在前面時，不可從後面超越過去，要想超越時，要先打招呼，再行超越。如果是與長輩或女性相遇，要馬上站住讓路。行走時如果有女士同行，必須遷就女性的步伐，讓女士走在前面，男士走在後面。上樓時男士走在前面，下樓時女士走在前面。

帶領來訪的客人時，要注意待客禮儀。二人並行，以右為上，所以應請客人走在自己的右側，為了指引道路，在拐彎時，應前行一步，並伸手指引；三人同行，中間為上，右側次之，左側為下，隨行人員應走在左邊。如果是接待眾多的客人，應走在客人的前面，並保持在客人側前兩三步的距離，一面交談一面配合客人的腳步，避免獨自在前，背部朝著客人。引導客人時應不時地根據路線的變化，招呼客人注意行走的方向。在引導客人的路上避免中途停下與他人交談，除非有必要。

此外，開門和關門也是一門學問。

當需要進入別人的辦公室或會議室時，要輕聲敲門，得到允許後，輕輕推開門；門柄在右則用右手去開，門柄在左則用左手去開，不可扭著身子開門；進門後要注意不可反手關門，正確的關門方法應是面向門輕輕地關上，不可猛烈關門，使門發出聲響。

陪同客人去辦公室或會議室時，應打開門先讓客人進去。如果門是向外開的，應把門向自己的方向拉開，請客人先走；如果門是向裡開的，就把門推開，自己先進，並扶住拉手，不讓門移動，再請客人進去；如果是大廳的旋轉門，則應該自己先進去。

> **職場診療室**
>
> 所謂「勿以善小而不為，勿以惡小而為之」，在辦公室裡，有許多看上去是小事的行為，但實際上卻影響著自己的工作和前途。小事是你的綜合素養的折射，也是你的個性區別於他人的表現。如果你想取得更大的成功，就不要忽略這些小事。

要正確做事，更要做正確的事

　　要想取得好業績，不僅要正確做事，更要懂得做正確的事，這樣的員工會十分注意自己的工作方法，張弛有度。他們非常清楚自己的工作方向，他們也善於安排時間、控制節奏，知道自己該在什麼時間做什麼事情。即便再忙，也極有規律。

　　「正確地做事」與「做正確的事」有著本質的區別。「正確地做事」是以「做正確的事」為前提的，如果沒有這樣的前提，「正確地做事」將變得毫無意義。首先要做正確的事，然後才存在正確地做事。試想，在一個工廠裡，員工在生產線上按照設計要求生產產品，其質量規格、操作流程都達到了標準，他們是在正確地做事。但是如果這個產品根本就沒有買主，沒有用戶，這就不是在做正確的事。這時無論你做事的方式方法多麼正確，其結果都是徒勞無益的。

　　要正確做事，更要做正確的事，這不僅僅是一個重要的工作方法，更是一種很重要的管理思想。任何時候，對於任何人或者組織而言，「做正確的事」都要遠比「正確地做事」重要。對企業的生存和發展而言，「做正確的事」是由企業策略來解決的，「正確地做事」則是執行問題。如果做的是正確的事，即使執行中有一些偏差，其結果可能不會致命；但如果做的是錯誤的事

情，即使執行得完美無缺，其結果對於企業來說也肯定是災難。

麥肯錫公司資深諮詢顧問曾指出：「我們不一定知道正確的道路是什麼，但是我們不要在錯誤的道路上走得太遠。」這是一條對所有人都具有重要意義的告誡，他告訴我們一個十分重要的工作方法，如果我們一時還弄不清楚「正確的道路」（正確的事）在哪裡，那就先停下自己手頭的工作吧，先找出「正確的事」。

找出「正確的事」這個過程就是解決一個個問題的過程。有時候，一個問題會擺到你的辦公桌上讓你去解決。問題本身已經相當清楚，解決問題的辦法也很清楚。但是，不管你準備衝向哪個方向，先從哪個地方下手，正確的工作方法只能是：在此之前，請你確保自己正在解決的是正確的問題——很有可能，它並不是先前交給你的那個問題。

其實，讓工作高效卓越的方法是有機而複雜的，就跟醫學問題一樣。病人到醫生的辦公室說自己有一點發燒。他會告訴醫生自己的症狀：喉嚨痛、頭疼、鼻子堵塞。醫生不會馬上就相信病人的結論。他會寫病歷，問一些探究性的問題，然後再做出自己的診斷。病人也許是發燒，也許是感冒了，還可能得了什麼更嚴重的病，但醫生不會依靠病人自己對自己的判斷進行診斷。

所以，要搞清楚交給你的問題是不是真正的問題，唯一的辦法就是更深入地挖掘和收集更多的資訊。

當黑白電視機處於成熟期，而彩色電視機正方興未艾時，若仍選定黑白電視機為目標產品，則不論其生產效率有多高，這種產品肯定要滯銷。雖然提高生產效率是在正確地做事，但因為做了不正確的事，導致的損失可能是巨大的。

當你確信自己是在為一個錯誤的問題傷腦筋時，你會做些什麼？當醫生

認為病人的輕微症狀掩蓋了某些更為嚴重的問題時，他會告訴自己的病人：「先生，我可以治療你的頭疼，不過我認為這可能是某種更為嚴重的病情的症狀，我會做進一步的檢查。」按照同樣的方法，你應該去找你的客戶或者是你的老闆，告訴他：「你讓我去了解並解決 A 問題，但我發現真正對我們的業績造成影響的是 B 問題。如果你堅持自己意見的話，我現在就可以解決 A 問題，不過我認為把精力放在 B 問題上面更符合我們的利益。」

作為客戶或者老闆，他可以接受你的建議，也可以讓你繼續處理原來的問題。但是無論如何，你已經盡到了根據客戶或企業的最佳利益行事的責任。

這也是最棒員工的工作原則：要正確做事，更要做正確的事。

做正確的事，你首先必須找出「正確的問題」，這是做正確的事的第一步。接下來，你需要掌握一些把「正確的事」做正確的快速高效的方法：

一、改進原來不合理的工作方法

原有的工作方法未必就是最好的工作方法。對原有的方法加以認真分析，找出那些不合理的地方，加以改進，使之與實現目標相適應。

也可以在明確目的的基礎上，提出實現目的的各種設想，從中選擇最佳的手段和方法。

二、統籌安排做事順序

即考慮做工作時採取什麼樣的順序最合理，要善於打破自然的時間順序，採取電影導演的「分切」、「組合」式手法，重新進行排列組合。

三、合併處理，分類解決

如果有兩項或幾項工作，它們既互不相同，但又有類似之處，互有聯

繫，實質上又是服務於同一目的，那麼，你就可以把這兩項或幾項工作合併在一起，利用其相同或相關的特點，一起研究解決。這樣自然就能夠省去重複勞動的時間。

四、適當安排休息

盡可能把不同性質的工作內容互相穿插，避免打疲勞戰，如寫報告需要幾個小時，中間可以找人談談別的事情，讓大腦休息一下；又如上午在辦公室開會，下午到市場上去搞調查研究。

五、對經常性的問題，統一處理

即用相同的方法來安排那些必須經常進行的工作。比如，記錄時使用通用的記號，這樣一來就簡單了；對於經常性的詢問，可事先準備好標準答覆。

其實，做正確的事不僅僅是指選擇自己所愛的工作，也不僅僅是提高工作效率，它還包括許多其他的事情，這些都需要你在工作中慢慢體會。

職場診療室

做正確的事，不僅是一個重要的工作方法，更是一種很重要的管理思想。任何時候，對於任何人或者組織而言，「做正確的事」都要遠比「正確地做事」重要。如果做的是正確的事，即使執行中有一些偏差，其結果可能不會致命；但如果做的是錯誤的事情，即使執行得完美無缺，其結果對於企業來說也肯定是災難。

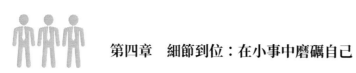

第五章

跑贏同事：拿捏好合作和競爭的兩面性

最愛發牢騷的人就是沒有能力反抗，不會或不願工作的人。

—— 高爾基

我們常常聽人說，人們因工作過度而垮下來，但是實際上十有八九是因為飽受擔憂或焦慮的折磨。

—— 盧伯克

誰讓你與晉升擦肩而過？

對一個企業來說，同事之間氣氛越好，大家的心情自然越好，工作的效率自然越高，企業老闆自然就越高興。但問題是，「一樣米養百樣人」，人是很複雜的，同事之間要永遠一團和氣，不過是奢望而已。身為職場中的一員，即使你不加班，一天也有 8 個小時和一班同事在一起，隨之問題便產生了：與家人是親情，與朋友是友情，與戀人是愛情，但與同事之間的關係卻十分複雜。你應該明白，同事既是你的競爭對手，也是你的合作夥伴，同時他還是你的人脈資源。關鍵在於你如何與同事相處，如何讓他為你所用。

在職場上，我們必須與同事友好相處，最大限度地爭取和利用同事，幫你完成工作任務。可是有很多人在處理同事之間的工作關係時，不是過於親密無間，就是過於防患未然，這兩種狀況都不會給你帶來好結果。公司員工的晉升雖然取決於老闆和上司，可是別忘了你的同事有會造成很關鍵的作用。就算他們不直接在老闆面前進讒言，但一旦老闆問他的意見，他「實話實說」總可以吧。

因此，我們在職場上盡量不要樹敵，有了敵意要設法消除。不要讓同事成為你前進道路上的「絆腳石」。平時要多注意自己的言行舉止，不要談論別人的短處，要眼觀四面，耳聽八方，只有這樣你才能在職場上立足，才能成為遊刃有餘的職場達人。

把握好與同事相處的基點

同事之間的相處時間，恐怕僅次於與家庭成員的相處了。因此我們說同事關係是家庭之外的社會關係中最為重要的關係。相信每個人都希望在同事之間、在自己的工作集體中依靠個人的努力創造一個和諧友好的氣氛，成為

一個為大家尊重、信任和需要的合作個體。而這個努力過程，就是不斷提高自己各方面修養的過程。

日本企業的員工有一種習慣，初到一個新環境，第一件事就是向周圍的同事、同學做自我介紹，然後說「請大家多多關照」，表示出希望得到信任和幫助的願望。

工作中表現出的人與人的關係是一種相互依存的關係，因為大家的事業是共同的，必須依靠合作才能完成。而合作，又需要氣氛上的和諧一致。情感上的互不相容，氣氛上彆扭緊張，就不可能協調一致地工作。

每個人都有著自己的個性、愛好、追求和生活方式，因家庭背景、教育程度、生活經歷等不同，不可能也不必要要求每個人處處都與他所處的群體合拍。但是，誰都懂得，任何一項事業的成功，都不可能僅靠一個人的力量，誰也不願意成為群體中的破壞因素，被別人嫌棄而「孤軍作戰」，這就是共同點。一個有修養的、集體感強的人，是能夠充分理解並利用這一共同點，用自己的情緒、語言、得體的舉止和善意的態度去感染、吸引或幫助別人，使同事關係更融洽。

與同事為善，平等尊重，是與同事友好相處的基礎。你應該主動熱情地與同事接近，表示出一種願意與同事交往的意願。如果沒有這種表示，別人可能會以為你希望獨處，不敢來打擾。切忌不要顯出孤芳自賞、自詡清高的態度，使別人產生你自認「高人一等」的感覺。不平等的態度，永遠不會贏得友誼。

言談舉止也是非常重要的。談話應該擇別人感興趣，聽了愉快的話題，使別人覺得你是個談得來的朋友。只有讓別人從你的言談中得到樂趣，他們才會願意與你交談。

任何人和任何事情都不可能盡善盡美，盡如人意。善於發現別人的長

處，認識到大多數人都是通情達理的，會使自己以寬容的態度與人相處。誰都會有不順心的時候，善於克制自己的情緒，約束自己的行為，而在別人產生消極行為和情緒時又能予以諒解，這正是一種有教養的表現，它會使別人處處感到你友好的願望。

　　沒有哪個地方的人是無法相處的，能否能友好相處，主要取決於自己。據美國出版的《成功的座右銘》一書介紹，有所大學的研究結果表明，一種真正以友誼待人的態度，百分之六十到九十的高比率是可以引起對方友誼的反應的。帶領此項研究的羅伯特博士說：「愛產生愛，恨產生恨，這句話大致是不會錯的。」

　　另外，在與同事相處的過程中，還有一個重要的法則就是要主動付出，因為每個人都希望得到別人的幫助。然而大部分的人都不願主動幫忙，如果你能主動先幫助你同事，你就會受到他們的歡迎，並使他們依賴你。在一個團隊裡面，永遠被動地站在旁邊等待的人，是不會受歡迎的，也不會有人願意幫他們。當你主動為別人付出時，別人也會在日後回報你。

職場診療室

有研究表明，如果你能以一種誠摯友好的態度向別人表示友誼，那麼引起對方友好反應的機率將會高達百分之六十到九十。所謂「愛產生愛，恨產生恨」，講得就是這個道理。與同事為善、平等尊重、樂於助人是與同事友好相處的前提和基礎。

多加讚賞，切勿揭短

　　在職場上，如果你想在為人處事方面獲得成功，有一個行之有效的方法是，善於發現別人身上的優點，誇獎別人的長處。讚賞他人，實質上也是抬

高他人，這是一種謙虛的表現。喜歡他人讚賞，是人的本性。要想搞好人際關係，就應善於運用這一法寶。讚賞他人，是看到了他人的長處，找到了他人的優點，發現了自己向他人可學習之處，取他人之長補自己之短。這樣一來，由於你讚賞了對方，對方高興；學習了對方的長處，豐富了自己。於己於人都有好處，一舉兩得。

但是，在日常生活中，有些人總是喜歡挑剔別人的毛病，看不到別人的優點，即使看到了也吝於表揚。他們在人際交往中，總是喜歡談論別人的短處。世間沒有十全十美的人，凡人都有其長處，也有其短處。人的短處往往是不願讓別人提及的。在談話當中，你要切記「勿道人之短」，盡量避免談及別人的短處，否則不僅損害別人的尊嚴，而且還會顯示自己品德的缺點。怎樣在交往中正確對待別人的短處，這是一門學問。

我們不可在談話中藉機刺探別人的隱私，更不可知道了別人的一點點短處就四處宣揚。宇宙之大，談話的資料取之不盡，何必要拿別人的短處做話題呢？何必說東家長西家短，無事生非地議論人家的短處呢？人有短處是一點也不值得奇怪的。有的人也許因為長久以來形成一種固有的生活方式，而其他人大都對此看不慣，這便成了他的「短處」；有的人也許在自己的生活與處世中確實有些微小的毛病，但這些毛病對他的整個對外交往是無足輕重的；有的人也許不是出於主觀的原因而出現一些較嚴重的缺點，但他自己卻全然無知；如此等等，不一而足。

對待他人的短處，不同的人會有不同的處理方式。有的人在與他人的談話中，盡量多談及對方的長處，極力避免談及對方的短處；也有的人專好無事生非，推波助瀾有聲有色地編撰別人的短處，逢人便誇大其詞地談論別人的缺點；還有的人雖無專說別人短處的嗜好，但平時卻對此不加注意，偶爾也會不小心觸及別人的短處。

第五章　跑贏同事：拿捏好合作和競爭的兩面性

用不同的方式對待別人的短處，所產生的效果是截然不同的。避免談及他人的短處，容易與他人建立起感情，形成融洽的交談氣氛；好談他人短處的人，最易刺傷他人的自尊心，打擊他人的積極性，同時也會引起其他人的厭惡；不小心談及別人的短處，雖然你無意刺傷他，但你很難想像他會怎樣理解你的用意以及對你所做出何種反應。一般來說，無論你出於什麼原因和目的，談論別人短處都會引起別人的誤解與不滿。因此，我們在與他人的交談中，應該盡量避免談論這類話題。

實際上，我們所知道的關於別人的事情不一定完全真實可靠，也許別人還有許多難言之隱非我們所詳悉。如果我們貿然把聽到的片面之詞宣揚出去，那麼就容易顛倒是非，混淆黑白。話一旦說出去，就很難收回來了。如果事後發現我們的確弄錯了，則必須設法將原來說出去的話收回 —— 找那些聽過我們說此話的人作更正。這樣做不僅費時費力，而且也損傷自己的面子。

因此，如果不是確切地知道某件事情的真相，切忌胡說八道。另外，如果別人向我們談起某人的短處的時候，我們該何以應對呢？最好的辦法是聽了便罷，不要相信這種傳言，不必將此記在心中，更不可做傳聲筒。而且還要提醒談論別人的短處的人是否對所談的事情有所調查、確有把握。

有話好好說。日常工作中容易發生爭執，有時搞得不歡而散，甚至使你與同事結下芥蒂。人是有記憶的，發生了衝突或爭吵之後無論怎樣妥善地處理，總會在心理、感情上蒙上一層陰影，為日後的相處帶來障礙。最好的辦法，還是盡量避免它。應該多頌揚別人的美德，不能用議論別人的短處來侮辱了你的口舌，降低了你的人格，否則你將找不到一個願意和你親近的朋友。好說人家短處是一種不道德的行為，我們必須改掉這個壞習慣。

職場診療室

你可能不是一個愛搬弄是非的人，但你無意之間談及別人的短處，也會在別人心中埋下仇恨的種子，而它會發展到何種程度，並非你所能預料和控制的。一旦你與同事結下芥蒂，引起衝突或爭吵，無論之後怎樣妥善地處理，都會在心理和感情上蒙上一層陰影，為日後的相處帶來障礙。所以，最好的辦法就是盡量避免它。俗話說得好，「打人不打臉，揭人不揭短」，要想與人友好相處，就要盡量體諒他人，維護他人自尊，避開言語「雷區」，千萬不要戳人痛處。

避免深交，保持距離

我們都喜歡用「親密無間」這個詞來形容很要好的朋友，其實真的到了親密無間的程度往往會適得其反。朋友之間保持一定的距離是很必要的。而身在職場上的同事之間更是如此。

「物以類聚，人以群分」，緊張的工作節奏讓奔波於兩點一線，朝九晚六的人們大部分時間都和同事在一起，甚至午餐、休息和購物都是三五成群、難捨難分。由於工作上的關係，他們之間的共同語言比較多，患難與共之間，容易成為互相安撫工作煩惱和挫折的職場朋友。但過於走近，對領導的抱怨、小道消息以及個人隱私無所不談，很容易給自己的職業發展留下隱患。天下沒有不漏風的牆，合久必分，一旦反目，以往談論過的親密無間的話語就是你給自己埋下的「定時炸彈」。辦公室裡的距離如何把握，並不是那麼簡單的事。

同事關係好，本是好事。大家來自五湖四海，為了一個共同的目標走到一起，心往一處想、勁往一處使，團結互助當然是好的，但是切記同事之間

拒絕過分親密。同事就是同事，不是朋友。交朋友，除了志趣相投外，忠誠的品格是最重要的，一旦你選擇了我，我選擇了你，彼此信任、忠實於友誼是雙方的責任。同事就不同了，一般來說，如果不是自己開創的事業，那麼，你是不可能選擇同事的，除非你在人事部門工作。所以，你不能對同事有過高的期望值，否則容易惹麻煩，容易被誤解。適當的距離能讓你跟他看起來都最美。如果同事把你賣了，你當然不要幫著數錢，但也不必太驚訝，吃一塹長一智就是了。

美國精神分析師布列克曾對同事間的交往打過一個精彩的比喻：兩只刺猬在寒冷的季節互相接近以便取得溫暖，可是過於接近彼此會刺痛對方，離得太遠又無法達到取暖的目的，因此它們總是保持著若即若離的距離，既不會刺痛對方，又可以相互取暖。這種刺猬式交往形象地說明了同事之間應該保持著若即若離的距離，不要過於親密。

「距離才能產生美」，同事之間的交往，也像刺猬一樣，存在著一個安全距離，只有保持適當的距離，彼此才能最大限度地感受到對方的美好。同事之間過於親密，不但會像刺猬那樣刺痛對方，還容易因為互相掌握對方的「隱私」，影響各自在公司裡的發展。在職場上這個複雜的環境裡，即使以前是最親密的夥伴，在關鍵時刻為了各自的利益，也常常會被朋友「出賣」。

曉玫家境比較富裕，春嬌家境相對來說就比較貧寒，但由於兩個人志趣相同從而成為知己。她們在上大學的時候，在學校裡就是出了名的好姐妹。畢業後，又同時進了同一家公司，而且還住在同一間公寓，她們的感情越來越深厚。

因為家裡窮，在讀大學的時候，父母為春嬌借了許多債，她便悄悄找了一份兼職，幫一家小公司管理財務。曉玫發現春嬌每天下班後都忙得不可開交，於是問她怎麼回事，李梅就把自己做兼職的事情一五一十地告訴

了薛佳。

公司非常重視員工的培訓工作，每年都會選派一名優秀員工到一家著名的商學院進修。根據選派條件，條件良好的曉玫和春嬌都被列進了候選人名單。曉玫對春嬌說：「要是我倆都能去該多好啊。」春嬌說：「但願如此。」

在公司宣布結果的時候，曉玫脫穎而出，成為公司當年唯一選派的培訓員工。春嬌非常失落，她也非常想獲得這次培訓的機會，於是找到老闆，請求也參加這次培訓。

老闆看了春嬌一會兒，冷笑著說：「你太忙了，就免了吧。」春嬌急忙說：「我手頭上的工作會儘快完成的。」老闆沉下臉來說：「那家小公司怎麼辦，誰給它管理財務？」春嬌立即愣住了，她一時搞不明白老闆怎麼知道她兼職的事。她本能地辯解說：「我兼職是有原因的，這並沒有影響我在公司的工作……」

老闆打斷春嬌的話說：「好了，忙你的去吧，我還有事。」接著對春嬌擺擺手。春嬌只好傷心地離開。

「你太忙了」—— 春嬌沒想到這句話會成為阻止她培訓的理由。可是老闆怎麼知道她兼職的事情呢？那家小公司是絕對保密的，她也只告訴過曉玫一個人。春嬌越想越心酸，她沒想到自己最親密的姐妹會出賣自己。

團結一心固然是再好不過的了，但與此同時，不要忘了保留一定的「私人空間」。在職場上，隔著一層薄紙彼此相望才是最美的，說遠不遠，說近不近。在現實生活中，雖然交通事故的發生有多種原因，但因超速駕駛，看不清對方車道而產生的摩擦事故最多。要避免撞車，就要注意車距。同樣，在同事關係中，與他人保持距離也是很重要的。

在職場中，人與人的關係你永遠思索不透。很多人在工作能力上無人企及，可人際關係卻是他們的「軟肋」。如果你也是他們中的一員，那就一定要

好好領會「半糖主義」的精神。所謂「半糖主義」代表的是一種健康、綠色、環保的工作態度。在工作中太過保全自己，讓人難以接近；而太過親近同事，又會令對方覺得私密空間被侵犯，無法喘息。唯有與同事相處時，懂得恰到好處地加上半顆糖，甜而不膩，親密又不失距離，這才是職場的中庸之道。

　　有些人喜歡和同事走得很近，認為這樣才能有更好的人緣，或者更具有吸引力，身邊總是團結著幾個同事，幹什麼都在一起，聊天也是。但是你要知道，整天表現得過於親密，就會被老闆察覺，並引起老闆的不滿，這是老闆最忌諱的，因為這樣做容易讓老闆誤認為你有拉幫結派的嫌疑。企業管理者一般認為，員工應該彼此保持獨立，這樣對他的管理有益。縱然你沒有拉幫結派的意思，老闆也會認為你在結黨營私，有跟他對抗的企圖。一旦老闆對你有了這種看法，就會壓制你，你在公司裡就不會有太大的發展。

　　而且，如果在你的身邊形成了一個很明顯的小圈子，老闆還會認為你們有集體跳槽的嫌疑。幫別的企業挖牆腳會讓本公司的工作立即陷入癱瘓狀態，這是老闆最不希望看到的情形。即使你們沒有這樣的想法也根本不曾談論過這些問題，但一向謹慎的老闆會防患於未然，提前採取措施，你們在此單位的工作就可能受到影響。老闆最常用的方法是把你調離職位，重新換一個部門，或者調到分公司去，甚至為了公司大局穩定，不惜炒你的魷魚。

職場診療室

與同事相處，太遠了當然不好，人家會認為你不合群、孤僻、不易交往；太近了也不好，容易讓別人說閒話，而且也容易令上司誤解，認定你是在搞小團結。所以說，若即若離，不遠不近的同事關係，才是最難得和最理想的。

正當競爭，避免結怨

　　身在職場，隨處都有競爭對手，有同行的競爭，也有同事之間的競爭。同一個目標，只有一個人能獲得。面對同事之間的競爭，你要時刻保持警惕，明槍要躲暗箭也要防，沒有人敢保證自己一輩子不被拉下馬來。競爭，有時就是披著美麗幌子的醜惡怪物，我們往往在情感與理智之中迷惘，在較量中使一些人際關係變得不可收拾。

　　有的同事對競爭的同事四處設防，更有甚者，還會在背後冷不防地「插上一刀，踩上一腳」。這種極端做法，只會拉大同事間的隔閡，製造緊張的氣氛，對工作無疑是有百害而無一利。其實，在一個整體裡，每個人的工作都很重要。當你超越對手時，沒必要蔑視他們；當對手在你之上時，也不必存心找碴。無論對手如何使你難堪，千萬別跟他較勁，輕輕地面帶微笑，先靜下心做好手中的工作。說不定他在憤怒時，你已做出業績。微微一笑，既有大度開明的寬容風範，又有一個豁達的好心情，還擔心敗北嗎？也說不定對手這時早已在心裡向你投降了。

　　據說挪威人喜歡吃沙丁魚，尤其是活魚，其價格遠比死魚高。但是長久以來，漁民在託運途中，無論怎麼小心，靠岸時絕大多數沙丁魚總是因途中窒息而死。然而有一條漁船託運的大部分沙丁魚卻都活著。後來漁民們才知道，原來那位船長在魚槽內放了一條以魚為主要食物的鯰魚。由於沙丁魚在鯰魚的威脅下總是處於緊張狀態，不停游動躲避，肺活量增大，從而減少了死亡率。這就是管理學上著名的「鯰魚效應」。沙丁魚在有天敵的時候卻比沒有天敵更能存活，更有活力！看似不可思議，然而這就是自然界的規則：沒有天敵的動物往往最先滅絕，腹背受敵的動物則繁衍至今。

　　同事之間存在競爭具有一定的積極意義，但是競爭過頭就不好玩了。管

理學還有一個理論：著名的「螃蟹效應」。竹簍中放了一群螃蟹，不必蓋上蓋子，螃蟹是爬不出來的。因為當有兩隻或兩隻以上的螃蟹身在其中時，每一隻都爭先恐後地朝出口處爬。但簍口很窄，當最前面的螃蟹爬到簍口時，其餘的螃蟹就會用威猛的大鉗子抓住它，最終把它拖到下層，由另一隻強大的螃蟹踩著它向上爬。如此循環往復，沒有一隻螃蟹能夠成功。螃蟹效應在企業管理中的表現就是，員工與員工之間、員工與老闆之間，因為個人利益而出現的明爭暗鬥。企業裡總有一些這樣的人，他們不喜歡看到別人的成就與傑出表現，更怕別人超越自己，因而天天想盡辦法破壞與打壓他人。

「鯰魚效應」和「螃蟹效應」告訴我們：同事之間必然存在競爭，但是不可因為競爭而視對方為仇敵，去破壞和打壓他人。

莎士比亞曾經說過：「警惕嫉妒，它是開創惡例的綠眼睛怪物，這意味著它貪得無厭。」的確，在現實生活中，那些愛嫉妒的人的共同表現是：見不得別人比他強。當發現別人比他強時就會心生怒火。眾所周知，三國時期周瑜的英年早逝就是源於他極強的妒嫉心理。這種不健康的心理如同病毒一樣侵蝕著周瑜的心靈，令他喪失理智。發出了「既生瑜，何生亮」的憤然慨嘆，最終怒氣攻心而死。由此可見，嫉妒的危害是多麼的巨大，因此，同事之間，應該正當競爭，少些嫉妒，避免結怨的情況出現。

要想根除心中妒忌的「毒瘤」，就必須從實際做起，從現在做起。當我們遇到比自己優秀的人時，我們不應該嫉妒他，而應該高興自己又多了一個優秀的競爭對手，要多向對手學習，用他人之長補自己之短，從而使自己不斷得到完善。同時，要樹立堅定的信念，不要因為對手的強大而嚇倒自己，而要靠自己的辛勤努力，靠自己的執著精神去超越對手，爭取最後的勝利。即使透過自己的努力沒有獲得最後的勝利，我們也無須氣餒，至少它證明了我們還存在不足，還有很多需要提高，從而給我們提供了一種無形的動力，促

使我們在以後的工作學習中更加虛心刻苦。

職場診療室

同事之間必然存在競爭，但是不可因為競爭而視對方為仇敵，破壞與打壓他人。在職場，只有心中無敵，才能無敵於天下。法國作家羅曼·羅蘭曾這樣說過：「只有把抱怨別人和環境的心情化為上進的力量，才是成功的保證。」

要和同事打成一片

如果我們每天工作 8 小時，那麼我們每天有三分之一的時間與自己的同事呆在一起。同事關係本質上是這樣一種關係：和一群你不能選擇的人，做一件你可以選擇的事情。你可以選擇做什麼事、在哪裡做事，但你多半無法選擇和誰一起做。如果你有權選擇，那你就是老闆。同事關係的本質是在平等的基礎上合作。但是，同事關係先天存在無奈的成分。

與同事相處的第一步便是平等。不管你是資深的老成員，還是最近就職的新員工，都需要丟掉不平等的想法，無論是心存自大或心存自卑都是同事間相處的大忌。和諧的同事關係對你的工作有很大的好處，同事是工作中的夥伴，也可以成為生活中的朋友。但面對共同的工作，尤其是遇到晉升、加薪等問題時，同事間的關係就會變得尤為脆弱。此時，你應該拋開雜念，專心致志投入到工作中去，不要手段、不玩伎倆，但絕不放棄與同事公平競爭的機會。

在一起工作的時間長了，同事之間必然會產生一些摩擦、爭執和各種矛盾。作為一名有智慧的辦公室職員，應該懂得如何避免這種矛盾，學會怎樣使競爭變得對自己有利，這就需要你對別人以誠相待。

第五章　跑贏同事：拿捏好合作和競爭的兩面性

當同事們聚在一起談天論地的時候，你不要熟視無睹，應該暫時放下自己手中的工作，湊過去跟他們聊幾句無關緊要的話，或者講一個無傷大雅的笑話，這樣會讓同事感到你很合群，對你以後和大家相處融洽很有幫助。當你和同事閒聊時，如果涉及到公司的某些人或某些事，你需要記住千萬不要把同事告訴你的任何話轉告上司，因為沒有不透風的牆，一旦大家知道了，肯定會遭到同事們的一致反感，並且會孤立你。

在與別人合作完成一項工作時，你首先要擺出真誠的姿態與人合作，而不是挑戰的姿態。凡事要主動和他人商量、研究，處處以客觀的態度去對待。只要雙方配合默契，就能夠獲得滿意的效果。但如果雙方都心存芥蒂，就什麼事也不可能做好。

工作中常有同事前來要求幫助的事情，當遇到這種情況時，如果不予理睬，不給予幫助，勢必會得罪同事，有可能他也是在萬不得已的情況下才向你伸出求援之手。如果放下手中的工作，幫助同事，就會影響自己的工作進程，或正在這時，上司又給你派下新的工作，你面對多份工作，無可奈何，束手無策。那麼，你不妨在仔細聽完他的請求後，說明自己目前面對的情況不能幫助他，並向他表示自己的歉意，希望得到他的諒解。

如果同事要求你協助完成的是一件非常重要的事情，而且刻不容緩，你就應該向上司說明情況，聽從上司的安排，不要耽誤了公司的工作，也使自己失去同事的信任。

當你的同事在工作中遇到難題時，你應該誠心誠意地幫助他，使他擺脫暫時的困境。而不要冷眼旁觀，更不能落井下石。如果有一次他無意中冒犯了你，又忘了向你道歉，這時你不要跟他計較，大度一些，真心實意地原諒他，他日後自然會感激你。你這樣做可能會有人不理解，但這其實也不難思考，你每天有三分之一的時間是與同事一起度過的，大家在一起工作學習，

互相幫助，互相尊重，從工作中獲得快樂不是很好嗎？

平時要多參與同事間的活動，體貼關心別人，不要自視甚高，成為孤家寡人。跟每一位同事都保持友好的關係，盡可能與不同的同事打交道。要根據同事們的情況，有針對性地進行接觸，對同事的優點、長處，要不失時機地加以讚賞，對同事的著裝、打扮要適度地加以讚美，這樣，你就會成為他們的好夥伴。平時做事要講究分寸，以真誠待人，處事手腕要既靈活，又有原則。

上班族同事之間相處的時間可能遠比與家人相處的有效時間長，如果你的愛好、性格、修養與同事格格不入，總是感覺自己被孤立，那你每天去上班一定是件非常痛苦的事情。公司的制度再完善，也需要同事之間的默契配合。和睦的工作環境，同事間關係融洽，上下一心，共同完成任務，這是每個員工都夢寐以求的。為了實現這一目標，就必須努力改善自己的不足之處，與同事搞好關係。

總之，同事關係是一個說不盡的話題。有關這個話題，最動人的說法是：與一個伴侶幸福地生活可多活上一年，與一群同事愉快地相處可以多活十年。

職場診療室

平時要多參與一些同事之間的聚會活動，多體貼關心別人，不要自視甚高成為孤家寡人，跟每一位同事都要保持友好的關係，盡可能與不同的同事打交道。要根據同事們的情況，有針對性地進行接觸，對同事的優點、長處，要不失時機地加以讚賞，對同事的著裝、打扮要適度地加以讚美，這樣，你就會成為他們的好夥伴。

與同事友好相處的方法

與同事友好相處可以使你的工作效率在不知不覺中提高，在競爭日益激烈的今天，一個人單槍匹馬、孤軍奮戰很難有大的作為。協調好人際關係，這是一切工作順利開展的前提。要和別人很好地相處，首先要學會合作，學會共事。如果你與同事們的關係很好，甚至對他們還有一定的影響力，同事對你都表示信任，你將得到頂頭上司更多的青睞。

嘗試多花一些時間協助同事工作，雖然這樣做可能會耗費你一些精力，但是在你的整個職業生涯的發展中，將會因此而受益匪淺。你這麼做，不僅彰顯了你為人的美德，也展現了你的才華，同時促進了職業環境的良性發展。假如你能夠無怨無悔地全力協助同事，你的舉動會使你贏得良好的聲譽並增加同事對你的信任，讓大家對你刮目相看，對你產生好感，老闆也會因此更加器重你。

那麼，怎樣才能與同事友好相處呢？你需要掌握以下幾點原則：

一、不忽略小節

小處不可隨便，細節體現品質。一些看似無關緊要的小事情，如欠缺禮貌、無意之中的食言、一個不文明的舉止動作很容易破壞自己好不容易建立起來的人際關係。在人際關係交往中，最重要的往往就是小事情、小細節。

二、不怕吃小虧

被人占便宜看似是一種損失，其實是一種投資，因為對方會覺得有所虧欠，恰當的時候便會對你有所回報。當然，吃虧的時候，你要有所表示，不能讓別人把你當成傻子，虧要吃在明處。否則，你如果「縱容」別人欺負自己，那樣也會把別人「慣壞」。

三、不輕易許諾

信守承諾的人很容易得到別人更多的信任，而背信棄義的人則為人所不齒。一旦許諾，就要盡量做到。唯有守信才能贏得別人的信賴，而唯有信賴才能讓別人在關鍵時刻聽取你的建議。如果你沒有把握，就不要輕易許諾。

四、先喜歡別人

「愛人者，人恆愛之；敬人者，人恆敬之。」任何人都不會無緣無故地接納我們、喜歡我們。別人喜歡我們往往是建立在我們喜歡他們、承認他們的價值的前提下。即使你不是真喜歡他，也不要讓自己的好惡表現在臉上。

五、要化敵為友

要學會化敵為友，適當的時候要學會主動道歉。當然，道歉的勇氣並非人人具備，只有堅定、自信、具有安全感的人才能做到。那種缺乏自信的人唯恐道歉會顯得軟弱，讓自己受到傷害，而使別人得寸進尺。化敵為友，建立良好的同事關係，在關鍵時刻就會助你一臂之力。

六、給別人留面子

每個人都有自尊心，越是有能力的人，自尊心就越強。如果你能做到在恰當的時候，維護別人的面子，他必然對你心生好感，而且，你將因此得到回報。實際上，給別人留面子也是給自己留後路。

總之，與同事友好相處的方法還有很多，比如待人真誠、替人受過、為人幫忙等等。但是，你需要注意的是，凡是都應該有個度，不可一味地迎合約事委屈自己。你留給別人的印象應該是，你是一個願意並善於與同事友好相處的人，但不是一個可以任人宰割的傻冒。

職場診療室

永遠不要在背後說別人長短。比較八卦和好奇心重的人聚在一起就難免東家長西家短。成熟的你切忌加入他們一夥，偶爾批評或調笑一些公司以外的與自己的工作或生活無關的人，倒是無傷大雅，但對同事的弱點或私事，保持緘默才是聰明的做法。

第六章

搞定上司：做個踩準節奏的舞者

我的人生哲學就是工作。

—— 愛迪生

我們世界上最美好的東西，都是由勞動、由人的雙手創造出來的。

—— 高爾基

上司把你當自己人了嗎？

　　要想被上司賞識，最基本的一點就是讓上司不討厭你、認同你，這樣才有可能讓上司把你當成自己人，進而賞識你、倚重你、視你為心腹。如果上司總是把你當成體內異物，時不時產生排斥反應，別說賞識，你的飯碗能不能保住都還是個問題。所以要想受到上司器重，首要一點就是不能讓上司對你產生「排異反應」，要讓上司把你當成自己人。

　　能被上司賞識，得到上司的器重，進而成為上司的「左膀右臂」，或許是每個員工內心最渴望的事情之一。因為這不僅是對自己工作能力的肯定，更能擴大自己職業發展空間，為自己的進一步發展搭建了一個良好的平台。但又有許多人認為，刻意地去討領導喜歡、讓上司賞識是鑽營取巧，是奴顏婢膝。事實上這是一種誤解，「各顯神通、適者生存」才是職場生存之道。能被上司賞識恰恰是個人某方面能力的體現。做一個上司賞識的員工，至少比當一名不起眼的職場「小混混」更有前途和錢途。事實上，凡是上司身邊的「紅人」，都有其過人之處。所以，只要你不是職場「混」家，還擁有積極向上的工作心態，那你除了要認真做好本職工作外，還要想方設法引起上司的注意，得到他（她）的認可。

尊重上司，無論他是否值得尊重

　　秋雯工作了 3 年，她越來越覺得自己的主管無論在工作能力方面，還是在為人處世方面都特別差，很多同事也認為主管的能力不如秋雯，這樣秋雯就更感到壓抑。記得剛工作那會，她對主管怎麼看都不順眼，公司的進帳出帳、財務報表等，每一樣都離不開她。

　　每次聽到主管提出的有關財務方面的愚蠢問題，秋雯就在心裡哀怨：如

果我是主管，我們這個部門對公司的貢獻會更大。她把自己的心事跟朋友談起的時候，朋友們也說曾碰到過類似的情況，有的主管能指出方向只出一張嘴但不會做事，亂講一通，出了問題，反過來責怪下屬糟蹋了他的創意；有的自己沒主意，讓員工來出謀劃策，再一把搶過來占為己有；還有些主管固守老一套，員工都想創新，就他百般阻撓……面對這樣的難題，卻不知如何解決。

客觀地說，對上司或者主管切不可感情用事，一定要理智地分析和看待。

一般而言，上司在各方面都應比下屬高出一籌；如工作經驗豐富，有較強的組織、管理能力，看問題有全局觀念等，也有的上司具備個性方面的優點，如性格直爽、辦事果斷、工作細心等，這些都值得下屬尊重和學習。

然而，人無完人，上司一樣會有缺點，會犯錯誤，這是無法避免的。這時，有些下屬就會覺得上司水平太低，表面服從，心裡卻缺乏尊重，甚至頂撞、搶白上司，時時處處表現出自己高出上司一籌。

缺乏對上司最起碼的尊重，會使你與上司的關係嚴重惡化；何況，不尊重他人本身就是缺乏修養的表現，更可能導致同事的輕蔑和不滿，這樣的人在團隊裡最不受歡迎。

不是所有的人都能遇到令自己心服口服的上司。人生來就不一樣，這是鐵打的事實。有人性急脾氣大，有人辦事慢吞吞，有人聰明得天下無敵，有人謙卑得總說「對對對」。如果你碰上對脾氣的上司，那真是福氣；如果沒有碰上，那也是正常。

所以，在工作中，最重要的是怎樣和上司相處，這不僅關係到你目前做這個職位的成功與否，還將涉及你下一個職位的前途。

如果你的上司很聰明很拚命，那你只好多做事多出汗，別無選擇；要是

第六章　搞定上司：做個踩準節奏的舞者

你跟不上上司的快節奏，那就趁早另擇高枝，不要等到上司一臉「我是老大」來找你談話。

如果上司十分隨和，但就是做不出成果，根本沒你能幹，你或者老老實實多陪他聊天，時不時拿點東西讓他向上級報告，等他哪天開恩把你提拔上去；要是你上進心很強，不願陪上司浪費寶貴的「青春」，那就悄悄地時刻準備著，隨時準備開溜。

我們不能與上司嘔氣，這種行為是愚蠢的，不要嫌棄、抱怨上司，因為是上司總有閃光的地方。職場比拚的是綜合素養，而不是專能，或許上司在很多方面不如你，但畢竟也只是某些方面而已。上司通常管的是全局，沒必要做到樣樣精通。

即使在一個部門，你也不可能完全熟悉所有的流程和環節。再說，人家坐得比你高，自然有理由。尺有所短，寸有所長。你的工夫多半比不上他的一技之長，或者他的綜合素養勝你一籌，至少你的經驗閱歷略遜他幾分。

如果你的能力確實超過上司，你又不想被他炒掉，此時你就有必要裝裝糊塗。

因為上司多半是有疑心病的 —— 在他們漫長的職業生涯中，難免有一些人會背叛他，或是得了他的好處卻不知報答，久而久之，他們對別人都不太敢推心置腹了。這種人覺得屬下就應該永遠比自己差一截，這樣他們才會有安全感和成就感。他們只會提拔能力比自己低的下屬，一旦發現下屬的能力可能高於自己，立刻會顯得坐立不安，還會對下屬施加壓力。因此，當你的才能高於上司時，不可過於鋒芒畢露，以免引發上司的猜忌之心。

你更不要把不高興放在臉上，因為那會影響到別人，也可能會給別人以可乘之機，他們會說閒話：瞧，那個部門主管實在不怎麼樣，連他們自己部門的人都不服氣。不但給了人家把柄，對自己的團隊也有壞影響 —— 哪天

公司有了重要任務，老闆哪敢把這活兒交給壓不住下屬的你的上司呢？到時候，就只能看著別人的團隊立功領賞了！

「千里馬常有，而伯樂不常有」，所以，我們更多的是要做自己的「伯樂」。

職場診療室

對待上司是一門精深的學問，上司不能以好或者不好來區分。儘管不是所有的人都能遇到令自己心服口服的上司，但對上司表現出最起碼的尊重，是必須的。不尊重他人本身就是缺乏修養的表現，尤其不尊重上司，更可能容易導致同事的輕蔑和不滿，這樣的人在團隊裡最不受歡迎。

不同的上司，不同的應對策略

當原本僱用你，甚至提攜你的老闆忽然離職，有一個陌生的臉孔走進辦公室，告訴你他是你的新老闆，以後有事你要直接向他報告。這時候，你要怎麼辦？你是否覺得只有你的前任老闆才最器重你，你是否還想到了「一朝天子一朝臣」。這是不是表示，你的工作生涯開始出現了某種危機？

儘管處在這樣緊張的情況下，只要以正確的態度應對，讓自己成為新老闆不可或缺的幫手，即使更換老闆，也不一定會對你的職業生涯產生負面的影響。這裡有一個例子，我們從中能學會怎樣應對這種情況。

喬安娜曾經是美孚公司的總經理。一天，一位她素未謀面的董事突然走進她的辦公室，對她說：「你好，我叫丹尼斯，我是你的新總裁。」原來，喬安娜以前的老闆已經被公司解僱了。

自從丹尼斯接任美孚公司的總裁以後，他一直鼓勵喬安娜繼續留任，並

且決定對公司大力改革，而他很需要喬安娜的協助。於是，喬安娜以自己豐富的經驗，每天花 14 小時幫助新總裁詳細檢查公司，並且迅速做出改變，甚至重新安置公司的總部。

重整的結果是，美孚公司被拆成兩家公司。面對這樣的結果，喬丹認為她的階段性任務已經完成，因而提出辭呈。結果被老闆大力挽留。顯然這位新總裁已經將她當成不可或缺的左右手。

另外一個例子發生凱瑞身上。

凱瑞擔任行銷主管時，遇到了總裁被更換的情形。新上任的總裁迅速撤換了三個主管，換上自己的人馬。而凱瑞正是前總裁最後引進的高級主管。

凱瑞採取了主動出擊的策略。他主動向新總裁簡明扼要地提出建議，表示他同意新領導人的意見，認為公司應該更注重傳統的力量。另一方面，他也表示反對前總裁的某些政策，例如在深夜的電視上做廣告。他告訴新總裁，他並不覺得這樣可以在短期內獲得回報。新總裁馬上決定要凱瑞與他一同整頓公司。

這種做法是不是對原先的總裁不忠誠？其實，凱瑞以前就常常和他的總裁有激烈的討論，他的態度前後並沒有差異，不過是新總裁更認同他的意見罷了。凱瑞不斷地貢獻出自己的經驗，幫助新總裁管理公司，也獲得了提升，從行銷主管升為規劃及新事業發展部門的副總裁。

以上兩個例子中的主角喬安娜和凱瑞最後都離開了公司。雖然如此，但他們在面對新總裁時的態度，都為他們留下了良好的印象，更使他們成為新總裁重用的對象。

當上司離職時，並不是你職業生涯的終點。只要依靠自己的經驗與實力，持續不斷地為公司做出貢獻，不管在什麼上司的帶領下，你都會是上司不可或缺的好幫手。

在辦公室裡，你會遇到許多不同類型的上司：有的性格溫和，為人謹慎；有的脾氣暴躁，做事草率；而且，每個人還都有與眾不同的習慣。對待不同的上司有不同的相處之道，既然你在他手下做事，當然就有必要掌握下面的「應對策略大全」。

一、嚴謹型上司 —— 大會、小會總是批評人

案例：民政局的小何辦一個案件，少了一道程序，差點被人家投訴。幸虧局長發現得及時，才沒有造成重大失誤。其實小何心裡很感激局長，但不明白局長怎麼總是抓住自己的小辮子不放？動不動就提到這件事，有時候開大會也絲毫不給他留面子。小何心裡有點委屈：我不就是犯了一個小錯誤嗎？

致勝絕招：洗耳恭聽。

要訣（一）：聽得進 —— 失誤總是難免的，身為普通職員，最忌諱的就是聽不進老闆的批評。在人才濟濟的大單位，能被老闆留意不容易，如果你不能用斐然的成績吸引老闆的青睞，那就應盡量減少失誤。

要訣（二）：忍得住 —— 老闆總是批評你，提醒你的過失，其實也是對你的留意和關心。要保護自己的自尊，先要培養自己的耐心。面對老闆的批評，你應該有心理上的厚度和韌性。

要訣（三）：改得快 —— 防止傷害的最好辦法是積極地去解決問題，爭取好印象。你要學會保護自己，再見到局長時，你可以主動對局長說：「我現在做事已經用心多了，不信您看我現在處理的幾件事。」

二、情境型老闆 —— 新官上任，要你為他泡茶

案例：在網路媒體工作的文麗近來一直很煩。她的前任主編於上個月退休，現在由一位 30 歲的年輕主編全權接管。文麗的工作本來是網路版面設

計，但新主編卻一天要與她會面五六次，有時候竟會對她說：「泡兩杯茶，我們談談。」文麗覺得這樣的事情令人尷尬，可又不想撕破臉拒絕，所以很煩惱。

致勝絕招：灑脫不羈。

要訣一：謹慎點 —— 年輕貌美的女職員，難免會被同事和老闆喜歡，但並不是每一位老闆都是這樣，有時候他們也許只是因為感覺孤獨，想找人聊聊，如果你一味用有色眼鏡看人，說不定你的小肚雞腸會令他也很尷尬。新主編剛剛上任，對公司現狀不太了解，自然渴望找一些熟悉情況的員工談談。

要訣二：灑脫點 —— 即使你是女孩子，但也要像男子漢那樣灑脫一點，用平常心對待老闆的親近，即使是一位花心的老闆，在一位大大方方只談公事的女職員面前，也會敬畏三分。

要訣三：正派點 —— 對異性老闆的親近，千萬別往邪處想！你要除去心裡的疑慮，借喝茶的機會，與新主編談談公司的從前和你對公司的期待，甚至可以談談網路版面的更新或者薪酬制度的改革。

三、穩重型老闆 —— 大功告成，竟然冷處理

案例：楊惠娟終於將公司一筆 30 萬元的應收款收回了，這足以使她在接下來的一個星期裡沾沾自喜。楊娟想，經理肯定會表揚我，甚至給我升遷、加薪。可是，真奇怪，這個星期，經理非但沒有誇獎楊娟，甚至連例行的辦公室談話也沒叫她去。楊娟終於忍不住了，藉著送文件的機會，想打探一下虛實。可是經理只是低頭寫文件，淡淡說了一聲：「你去忙吧。」楊娟識趣的出去了，可心裡那個火呀，直往上冒。

致勝絕招：沉著冷靜。

要訣一：別急躁 —— 換你做經理，面對工作出色的下屬，你會喜形於色嗎？一個人的升遷就意味著另外的人失去機會，而且也不是每件成績都可以讓你升遷。經理需要時間仔細考慮這件事情。再說，你的出色表現已經夠讓同事們注意了，如果他也明顯地表現出對你的喜愛，那豈不是幫你招惹嫉妒？從這個角度看，經理的冷處理也是在保護你。

要訣二：要冷靜 —— 就算不能冷靜，現在你也必須保持沉默。你應該與經理隔開一點距離。這距離可以展示你成熟的心理素養和職業素養。

要訣三：多努力 —— 如果逾期兩個月仍未見提升，或是經理把職位給了別人，那只能說明你還不夠資格得到那個位置。你還得繼續奮鬥！

四、權威型老闆 —— 出國公幹，突然器重你

筱辰做夢也沒想到，她這麼一個默默無聞的小職員會得到董事長的垂青，竟點名要她陪同前往日本進行商務談判。雖然那是人人都垂涎的機會，既可以展示才能，又可以接近老闆，還可以順便旅遊看風景，但筱辰還是覺得不大可能。她心裡有不少疑慮：董事長是不是開玩笑？這麼好的事為什麼輪到我？會不會臨走又換別人？

致勝絕招：縝密仔細。

要訣一：別自卑 —— 是金子總會發光的，或許你的某方面潛質吸引了他，比如有無懈可擊的口才和一口流利的外語。不論董事長出於什麼原因對你委以重任，都說明這是一件好事，你得給予相應的重視。相信經驗和智慧都比你強得多的老闆，不會心血來潮地決定某個人的工作，他一定有他的道理。

要訣二：要認真 —— 在這個時候，你要拿出最慎重和一絲不苟的態度，

在短時間內精心做好準備。在整個談判的過程中，你要展示你的才華和智慧，使出渾身解數，為老闆贏得主動、贏得利益、贏得所有人的稱讚。

要訣三：會暗示——工作結束後，如果老闆問你：「你在工作上還有什麼理想？」你千萬別直接說：「我想升遷。」但可以不失時機地給老闆一個暗示：「如果有更多的挑戰，我會有更多的創造。」等待你的肯定是另有重用。

職場診療室

要成為上司的心腹，首先不能怕跟上司作面對面的接觸。人與人之間的好感是要透過實際接觸和語言溝通才能建立起來的，不打破這道屏障，自己根本不可能有被賞識的機會。所以要獲得升遷和加薪，首先就不能怕跟上司作面對面的接觸。

與上司要保持一定的距離

美國著名的職業培訓專家史蒂芬‧布朗先生曾指出：上司和下屬之間總是有著業務上的關係。雖然不能否定上司同下屬交朋友有時是為追求娛樂，但是他們之間總是有著業務上的關係。因此，無論在工作時間還是在社交場合，你的腦子當中，都應該保持這樣一個觀念和警覺：上司之所以選中你做手下，一定是由於公司業務上的需要。

如果你能夠與上司在工作和業務中建立一種非常默契的關係並由此而產生一種深刻的友誼，那麼這種關係無疑是最佳的。然而，與上司建立深厚友誼的同時，還應保持適度距離，這也很重要。正如上司對待他認為關係好但能力卻一般的朋友一樣，也許會給他優厚的待遇，但絕不會讓他介入自己的事業或是擔任業務骨幹。不幸的是，有些人在實際情況中不知不覺地忽視了這一點。

距離產生美。在處理與上司的關係時，下屬要注意與上司之間保持一定的距離，不要因為過於親密招致「災害」。

一、不做上司的情人

這當然不是斷然否定上下級之間戀情存在的合理性 —— 如果雙方真有此意而且合法的話。但是，更多的時候，與上司建立情人關係是對雙方都沒有好處的。最終等待你的極有可能是你在這家公司職業生涯的終結。還有一種可能就是你與上司的情人關係可能給上司帶來麻煩。當上級管理部門發現了你們之間的關係所帶來的消極影響時，也正是這位被丘比特之箭射中的上司喪失職務之時。

二、不做上司的哥兒們

如果你的上司對待下屬採取非常民主的方式，他願意聆聽下屬的意見，願意與下屬溝通交流，並保持良好的上下級關係；如果你的上司性格溫和，待人充滿溫情；如果你的上司非常器重你，經常帶你出席各種社交場合，那麼你千萬不要得寸進尺，適度的距離對你是有好處的。也許你發現你正在或可能成為上司的朋友甚至哥兒們，但你應當把握好尺度。

如果你當著其他人的面與上司稱兄道弟，以顯示你與上司的特殊關係，那麼這種行為是危險的。於是其他同事也開始對上司的命令不當一回事。當上司發現他的工作越來越難做，而最終讓他發現是你破壞了他的威嚴，那麼，你很快就會被上司疏遠，甚至不得不離開公司而另謀出路。當然，你如果能夠同上司交上朋友，這說明你已經能接近你的上司了。不過，這種朋友關係的最佳狀態，是業務上的朋友和工作上的摯友。如果你能推動上司在事業上的成功，你就是他最好的朋友。

三、不做上司的保姆

過分注重同上司的私人關係，有一種特別嚴重的情況是，在事實上做了上司的保姆或者說是傭人。善於鑽營的人希望能得到提升，他們所採取的方法就是討好上司，不斷地為上司端茶倒水，替上司清理辦公桌等。上司也許會對這種人表示好感，但在他心中，這種下屬的形象會不知不覺地被定格為保姆。這樣的人，永遠只適合做下屬而不能擔當重任。如果你試圖用這種小伎倆打動上司的心，方向就偏了。

無可否認，上司喜歡下屬對他尊重，然而，「不卑不亢」這四個字是最能折服上司，最叫他受用的。其中當然會有些上司喜歡聽一些甜言蜜語，也會有些上司欣賞唯命是從的下屬，只要他說了不，就不敢再提出抗議。但通常來說，上司都不是傻子，過分地受到遷就或吹捧，反而會使他產生反感。當你助長了上司的氣焰時，很多時候是不可收拾的。人與人之間的長久而和睦地相處，必須要建立在互相尊重之上，尊重的比例可以有輕重之分，下屬尊重上司多一些，這是合情合理的，但不可以一邊倒。一旦慣壞了上司，你就會被他看不起。一旦上司有了這種心理，你就很難成為他真正的「自己人」。另外還要切記，人情是淡薄的，對穩握在手的人與事，一旦對方總是俯首帖耳的話，就會被當成習以為常而不被珍惜。

四、不做上司的密友

如果說過多介入上司的工作時間已經使你脫離了與上司的正常關係，那麼了解上司的個人隱私和事業上的「祕密」對你更沒有好處。上下屬之間確實可以建立友誼，但友誼過頭，過多地接觸上司的祕密，卻是極其危險的。在你和上司的關係中有一些禁忌，千萬不可冒犯。即便是上司拉你進來，你也要保持足夠清醒的頭腦。如果要做，也要做上司事業上的朋友。

所謂「養兵千日，用兵一時；招之即來，來之能戰，戰之能勝」，我們必須謹記：擺正自己的位置，依靠自己平時工作業績的積累，來獲得上司的信任。當上司或工作需要時，如果你能出色地解決實際問題，即使不必刻意經營，也一定會在人事及工作關係中收到很好的效果。你不了解上司的需要，他也不了解你；你不重視上司的感受，他也不重視你。上司也是從下屬一步步幹出來的，虛情假意那一套，誰都心知肚明。只有將心比心，以誠換誠，才是與上司相處的真諦。

職場診療室

上司對於有義氣的職員，必然會賞識。如果你在上司危難之時默默地留守職位，不計較辛苦，不要求額外回報，必定會成為上司的心腹。商場上很多機構內都存在著這種經過一次義氣的考驗，就成為上司心腹的情況。因此，留意在上司面前表現義氣的機會，是成為心腹的一條捷徑。

怎樣與上司快樂共事

上司是你的領導者，他對你的看法直接關係到你的職場前途。和上司快樂共事，能幫助你更快地融入到公司的氛圍中，能給你的提升創造很多的機會。那麼怎樣和上司快樂共事呢？

一、把功勞讓給上司

越是好的東西，就越是捨不得給別人，這是人之常情。但是你若有遠大的抱負，就不要斤斤計較，而應大大方方地把好事讓給主管，把功勞讓給上司。這樣做，上司臉上有光，而你也會工作得愉快順暢，而在以後的升遷加

薪中，上司更是不忘提拔你。

所以，做一個明智而貼心的下屬，你要懂得在有出風頭的時候和場合，將你的上司推到前面，還要懂得如何適時地把自己的功勞歸於上司。

沒有任何上司會喜歡總是跟自己爭風頭、搶功勞的下屬。

二、坐在上司的身邊

每次參加未定席次的會議時，那些對自己的見解缺乏自信的人和一些對工作缺乏熱情的人，總是希望其座位遠離上司。對於下屬的這種心理，上司是一清二楚的。但是如果你真的坐在離上司很遠的地方，無疑是向上司表明了自己的卑怯和疏離。

與其在上司面前唯唯諾諾，唯命是從，永無出頭之日，還不如勇敢地面對你的上司。其實，有了與上司面對面溝通和交流的機會，會促使領導慧眼識才，更進一步了解你。同時，你也可以在同上司的交談與探討中，更深入地了解他，學習許多新的東西。

其實，對於主動坐到自己身邊的員工，上司是絕對欣賞的。

三、讀懂上司的體態語言

1. 能看懂上司的眼睛

職場上，上司對其下屬的好惡也常常可以透過他的眼神來作出大致的判斷。

(1) 上司說話時不看著你，這是個壞跡象，他想用不重視來懲罰你，說明他不想評價你。

(2) 上司從上到下看了你一眼，則表明其優勢和支配，還意味著自負。

(3) 上司久久不眨眼盯著你看，表明他想知道更多情況。

(4) 上司友好、坦率看著你，甚至偶爾眨眨眼睛，則表明他同情你，對你評價比較高或他想鼓勵你，甚至準備請求你原諒他的過錯。

(5) 上司用銳利的眼光目不轉睛地盯著你，則表明他在顯示自己的權力和優勢。

(6) 上司只偶爾看你，並且當他的目光與你相遇後即馬上躲避，這種情形連續發生幾次，表明面對你，這位上司缺乏自信心。

2. 傾聽上司的聲音

好的下屬應該不僅理解上司所談的問題，並且能夠理解他的話所蘊涵的暗示。這樣，才能真正理解上司的意圖，明智地作出反應。

當上司講話時，你要排除一切使你緊張的意念，專心聆聽，眼睛注視著他，必要時作一點記錄。他講完後，你可以思考一下，也可以問一兩個問題，一定要真正弄懂上司的意思。然後概括一下上司的談話內容，表示你已明白他的意見。切記：上司不喜歡思維遲鈍、需要反覆叮囑的人。

如果是比較重要或複雜的事，你最好在認真聆聽的同時也認真地做好記錄，這不僅會使上司覺得被尊崇，而且也會認為把任務交給你很令他放心。當然，如果是一項簡單的指令，你就不需要記錄了，否則會給上司留下小題大做的印象。但是，即使是一個很小的問題，你也要用一絲不苟的工作態度去處理。

3. 聽懂上司的弦外音

當上司詢問你「還好嗎？」或「工作順利嗎？」絕大多數時候，他們並非想仔細探究你目前的狀況，而是表現友善或是一種打招呼的方式，其實他們並不想聽到你工作中的不順利、無法解決的問題或是你現在的心情是好還是壞。

當然，也許你的上司的確很注意你的工作情況，藉著問東問西來了解你的工作狀況，又或許他們已經 - 察覺你出了什麼問題。那麼最安全的方法是，進一步向上司問得更明確些：「您的意思是……」這比起你順著上司的話就發牢騷要好得多，你也可以給出一些不會給自己帶來麻煩，也不會使上司對你產生誤解的答案。

四、珍惜上司的時間

你可以把所有的時間都用來處理你需要解決的問題，但不要期望你的上司也會這樣安排他的時間。問題越簡單，就應該越少占用上司的時間：準備、小結、綜合資訊和各種選擇，不要混淆最常見的問題和最重要的問題。有事最好事先向上司預約好會談時間。

五、徵求上司的意見

上司在被徵求指導意見時，很少會將問題推回給向他提問的人。他的意見可能並不富有遠見，但是意見一旦給出，就可能成為一個限制條件。所以，如果你不希望上司的意見妨礙你的進程，那麼就放慢決策的速度，或模糊觀點，不要急於徵求意見。

選擇適當的時間徵求上司的意見，以免工作被耽擱。徵求上司意見時，你不僅要注意節約上司的時間，而且要選擇合適的時機；如果在錯誤的時間提出問題，他可能會拖延，甚至會遺忘。對於要徵求意見的問題你要精心準備，這樣才能幫你迅速談及中心議題。在討論中要先談整體情況，再談具體細節。從基本問題開始提醒他目標是什麼，你目前已經做到哪一步，以及你希望得到他哪方面的意見。

六、給上司善意的提醒和幫助

上司有很多下屬，需要作各方面的決策。因此，如果你一味地催促上司作決策，他很可能會說「不」。為了避免這樣的結果，你應該這樣做：

(1) 提醒他上次會談達成的共識；

(2) 提醒他目標，而不是匆匆具體到內容和方式；

(3) 提醒他以前因為沒有及時決策而遇到的問題；

(4) 迅速小結可供考慮的選擇及你挑選這種方案的標準；

(5) 告訴他你期望他做些什麼：通知大家一下或共同決策、共擔風險，增加一個標準或重新審查方案；

(6) 集中於你需要他幫助的那些事項；

(7) 準備好事實和數據以避免可能的分歧，用表和圖幫助他迅速了解情況；

(8) 會談後，書面小結他的決策，以確認達成的共識；

(9) 決策一旦作出，不要再提出異議或妄加評論。

七、提出問題並能給出解決方案

上司最不能容忍的是那種有了點問題就推給他，而且無法給出解決方案或至少拿出幾個選擇意見的的下屬。所以，在你向上司提出問題尋求幫助的時候，千萬不要把問題拋給上司就坐等幫助了，否則幾次下來，你就得收拾東西走人了。

八、對市場數據進行分析再上報給上司

對市場調查的結果進行分析，不能一股腦地將各種原始數據直接轉交給你的上司。要有選擇性和客觀性地將數據分類整理，突出重點。過度細緻的

數據會引起緊張，從而導致上司否定、拒絕或漠不關心。

此外，不要只給上司壞消息，也要給他好消息。如果你總是不斷帶來壞消息，久而久之，你在上司眼中也就成了壞消息的代名詞了。

職場診療室

雖然與上司走得太近會有一定的危險性，但如果你離上司太遠，根本進入不了他的視線，那你就永無出頭之日了。上司對你的看法直接關係到你的職業前途。和上司快樂共事，不僅能幫助你更快地融入公司，也會給你的升遷加薪創造更多的機會。

和上司分享你的想法

在現實生活中，能夠準確、完整地表達自己的想法才能獲得別人的好感和信賴。我們從小學到中學，又從中學進入大學，生命中的很大一部分時間都是在學校度過的。可是你回憶一下，做了這麼多年學生的你，是否了解老師的心思呢？是否知道最令老師失望的學生是什麼樣的呢？

也許你覺得是成績不好、調皮搗蛋的學生最令老師感到失望，但事實並非如此。一位高中老師談及他對學生的看法時這樣表示：老師對學生最感到失望的莫過於，當老師問學生「你的看法如何」時，得到的是沉默或者「我跟剛才的同學看法一樣。」你應該學會表達自己的看法。即使是與別人意見相同，也應該用自己的語言把它表述出來。

作為員工，也同樣如此。如果你不能或者不願將自己的真實想法表達出來，那麼你就很難與老闆進行友好的交流，而一個不能清晰表達自己的思想、不善於陳述自己想法的員工也很難得到老闆的欣賞和信賴。老闆需要的是充滿活力和熱情的員工。你若沉默不語，通常會被理解為沒有能力或漠

不關心。

　　志明從小就被父母教導，要埋頭苦幹不要誇誇其談，這招在學校挺靈驗。到了公司，志明依然不怎麼跟人說話，他謹守父訓：事業是做出來的，不是用口誇出來的。部門會上討論專案，志明也總是躲在角落，雖然他覺得那幾個口若懸河的傢伙說了許多廢話，提的建議也不怎麼高明，可他卻不願出風頭去與他們爭辯。但部門經理特別喜歡那些發言活躍的員工，對於埋頭苦幹的志明常常視而不見。時間長了，看到身邊的同事不是加薪水，就是被升遷，志明覺得很鬱悶。於是他嘗試改變自己。

　　他努力和主管進行溝通，把自己的新想法告訴上級，並且讓上級給他提出建議。一開始，上級並不重視，可是後來發現志明還是很有智慧的人，採納了他的建議。由於志明的建議給公司創造了業績，上級越來越重視他，他也越來越敢於和老闆分享，形成了良性循環。他現在變得非常開心。

　　人與人之間需要溝通，其重要程度往往超出你的想像。對於你的企業，你的工作，你可能會有各種各樣的意見和建議。你不應該只是發牢騷或者想想而已，你的這些意見和建議需要讓老闆知道。多和老闆一起分析你的建議，會讓你工作得更開心。只是，你需要注意，跟老闆的意見交流同樣需要技巧。

　　員工小張總是受到年輕的部門經理的斥責。為了緩和這種不協調的上下級關係，一次週末，小張邀請經理與自己共進晚餐。美酒佳餚下肚以後，小張開始掏出肺 . 之言：「經理，你對我經常加以指責，使我常處於羞愧與憤怒之中，心情很不愉快。老實說，你的指責有點過分了，我的過失並沒有你說的那樣嚴重。我的確有點懷恨在心，想找個機會報復你。可是後來冷靜一想，你對我的種種指責，畢竟說明了我確有不妥的地方，正是指責讓我看到了自己身上的缺陷和不足。我們相處這麼多年，你的確使我進步了許多。所

以，現在我覺得，我不僅不應該忌恨你，還應當感謝與你相處而帶來的種種好處呢。」

這番看似自我檢討的話，事實上是對小張對上司的巧妙提醒，經理也意識到自己對小張的確是過於苛刻了。後來不僅他們之間的上下級關係得到徹底改善，而且兩人還成為了好朋友。

主動和上司分享自己的想法看起來非常容易，但真正能做到的人並不多。許多員工因為與上司身分、地位的差異，對他（她）心存介蒂，或有生疏感，甚至恐懼感，即使在會議上發言，也是能免則免，甚至不提出已經有把握的建議。長此以往，員工與上司的隔閡就會越來越深。上司在想什麼，下一步的目標或發展方向是什麼，你根本無從知曉。試想一下，這樣的溝通狀況，又怎麼能讓老闆了解你？上司不了解你，你又怎麼能夠獲得升遷加薪的機會？

溝通是一個雙向交流的過程，在與上司溝通的過程中，你需要記住以下兩個原則：

一、為溝通做充足的準備

每一次主動溝通前，都應有個明確的計劃。知道自己要表達什麼，要達到什麼目的，從而讓溝通更加有效。我們還要擴大自己的知識面，充分補充自己存在的不足，以應對上司的問答，並能更準確地支持自己的表達。

二、不要以貶低他人來抬高自己

在主動與上司溝通時，千萬不要刻意表現自己，而貶低別人甚至老闆。這種褒己貶人的做法，最為上司所不屑。當你表達不滿時，要記著一條原則，那就是所說的話對事不對人。這樣溝透過後，上司才會對你投以賞識

的目光。

為了有效地進行溝通，可行的態度是「請協助我從你的觀點來看這個事情」，應有的行為是「傾聽以了解他人，傾訴而被人了解」，也就是從雙方的共同點開始溝通，再慢慢地進入分歧的根源。只有了解了上司的溝通傾向後，你才能最大可能地與其接近。透過自我的一些調整，再主動與上司溝通，一定能創造出與上司更為和諧和默契的工作關係。

如果你是一個不善於陳述自己想法的人，那麼你從今天起就一定要盡心盡力地學習掌握這種能力，因為這是你獲取上司信賴必不可少的條件之一。千萬不要任意輕視這種能力。在與上司相處時，若能恰到好處地陳述自己的想法，那麼上司在了解你內心想法的同時，還會更加欣賞你、信賴你。

> **職場診療室**
>
> 溝通帶來理解，理解帶來合作。如果不能很好的溝通，就無法理解對方的意圖，而不理解對方的意圖，就不可能進行有效的合作。人與人之間的好感是透過實際接觸和語言溝通才能建立起來。員工只有主動跟上司切實有效的接觸，才能將自己的意願表達清楚，才能讓上司認識到自己的工作能力，才能有更多被賞識的機會。

敢於向上司爭取利益

在職場上，屬於自己應該得到的利益，要大膽地向上司要求。俗話說，「醜話說在前頭」—— 在接受任務時談好報酬，會更容易讓上司接受。當然，爭利要把握好力度，既不爭小利，不計較小得失，又不過分爭利。當然，折扣的方法有時也很奏效。在利益面前，不要逆來順受，也不要過分謙讓，只要是合情合理的利益就要大膽地去爭取，在世俗和道德上只要合了一

個「理」字，那就都能說得過去，有理走遍天下，誰的情面也不傷。

我們辛辛苦苦的工作究竟是為什麼？回答可能有很多種，比如為人民服務、為社會做貢獻等，這些都是冠冕堂皇的場面話。而實質是，任何人都不能否定是為利益而工作，這樣讓我們擁有更多，比如金錢、福利、職務、榮譽等。如果誰否認這一點，那就未免太虛偽了。在當今市場經濟條件下，為利益而工作是正大光明的，誰也否定不了。

我們之所以強調要學會向上司爭取正當利益，是因為有很多人因為不會爭利而頻頻「吃虧」。不會爭利一般有兩種表現，一種表現是不敢爭利，認為向上司要求利益，肯定要與上司發生衝突，肯定有不愉快，不但給上司造成麻煩，而且還會影響兩者的關係，還不如算了，因而什麼也不敢問、不敢提，甚至連自己應該得到的也不敢開口；另一種是過分爭利，利不分大小，有則爭之，結果整日跟在上司身後喋喋不休地講價錢、要好處，把上司追得很煩，讓別人都認為你是個貪利之徒，看低你的人格。

做好本職工作是分內的事，要求自己應該得到的也是合情合理的，付出越多，成績越好，應該得到的就越多。只要你能做出成績，向上司要求你應該得到的利益，他也會滿心歡喜。如果你無所作為，無論在利益面前表現得多麼「老實」，上司也不會欣賞你。從領導藝術上來講，善於駕馭下屬的上司也善於把手中的利益作為籠絡人心、激發下屬的一種手段。可見，下屬要求利益與上司把握利益是一個積極有效的處理上下關係的互動方式。

有家公司做分流解雇模式，一直想要解聘一個高大結實的男領班，這家公司對事情的處理方式極為謹慎，絕不會只貼出一張解雇通知，或者叫某個人到辦公室裡去宣布：「你被解雇了。」這樣，他會上訴勞動仲裁委員會，請求勞動保護，並會給公司安上排除異己的惡名，破壞公司名譽。於是，公司會安排一個會議。在會議中，人事經理會對將被解職的僱員提及「在公司範

圍之外的生活」及其他事業的選擇。通常，職工對這種微妙的暗示的反應是自動辭職，這樣一來，公司甚至連資遣費都省下了。

但在過去的一年裡，人事經理與那個領班已會晤過四次。每一次，人事經理都向那個領班暗示公司已不需要他的服務了，但是每次那個男領班都閃躲，而且痙攣地唉聲嘆氣。這可能是狡猾的表演，卻使得人事經理為之氣餒。事後他總是對另一個經理說：「聽著 —— 如果你想要開除他，你自己去對他說吧，我辦不到。」那個領班始終在那個職位上。

其實爭利也有很多技巧問題。常言道：「老實人吃啞巴虧，會哭的孩子有糖吃。」這是我們的祖先總結出的地道地道的「真經」。

小張和小王同時進入一家公司工作，兩人職務相當，工作也都還過得去，比較勤懇認真。在公司加薪時，小張和小王都想爭取。雖然小張結婚五年，三口人仍擠在一間破舊的公寓裡，但他覺得「有苦難言」，對上司只提了一次要求；而小王呢，卻三天兩頭地找上司訴苦，有空就撥撥上司腦子裡面加薪的這根弦。結果小王被優先考慮，而老實巴交的小張只能眼巴巴地看著別人加薪。

向上司要求利益大，必須把握好火候和技巧。

首先，在執行重大任務以前，爭取上司的承諾。事實表明，上司在交辦重要任務時常常利用承諾作為一種激勵手段，對下屬而言這既是壓力又是動力，對上司而言也能感到踏實、放心，很多上司都堅信「重賞之下必有勇夫」。如果上司在交給你任務時忘記了承諾，或不好主動做出承諾，你應該提前要求你應該得到的，這不是什麼趁火打劫，上司通常也比較容易接受。

再次，要求利益要把握好「度」，見機行事。有些人向上司提要求時很不會把握分寸，往往要求過高，引起上司的反感，招致「講價錢」、「做了多少事」的奚落。為此，你需要做到以下幾點：不爭小利。不為蠅頭小利傷心動

氣，彰顯寬廣胸懷、大將風度，在上司心目中形成「甘於吃虧」的好印象。按「值」論價，等價交換。當你為公司拉來贊助或創利時，你要按事先談好的「提成」比例索取報酬，不能擴大要求，也不要讓上司削減對你的獎勵。

　　在爭利的時候，要學會充分「發掘」困難，善於向上司表露困難，要求利益時可以放得大些，比你實際想得到的多一些，給上司一些「餘地」，不要給他造成你「想要多少就給多少」的想法，這樣你就會很被動。

職場診療室

常言道：「老實人吃啞巴虧，會哭的孩子有奶吃。」在利益面前，我們不能總是逆來順受、委曲求全，以至於讓別人覺得你就是個任人宰割的「軟蛋」；對於公司決定獎勵給你的東西，不要過分地謙讓，過分謙虛就是驕傲。只要是合情合理的利益，你就應該大膽地去爭取。當然，爭利要把握好度，既不爭小利，不計較小得失，又不過分爭利，成為眾矢之的。

第七章
統御下屬：領導力就是大秀個人魅力

管理層的領導能力是刺激員工努力工作的原動力。

—— 畢雷敦

經理人員的任務在於知人善任，提供企業一個平衡、密合的工作組織。

—— 洛德凱特寇得

他們是怕你，還是服你？

毫無疑問，領導者手中握有權力，但是，有了權力並不意味著就一定能夠取得事業上的成功，就一定能夠得到別人的認可。能力固然是領導者必須具備的一個重要方面，但如果從服膺眾人的角度來說，領導者的個人品德和人格魅力顯然比個人的能力更為重要。下屬往往對領導者的能力表示欽佩，進而服從，但更多的時候是被領導者的人格魅力所感動，進而產生無條件的服從和信賴，因此領導者要加強自身道德品質的培養。

領導者千萬不能因為自己擁有一定的權力就覺得處處高人一等，給人以居高臨下的感覺，這樣必然會引起下屬的反感。領導者必須恰如其分地處理好與下屬的關係，才能夠確保自己的領導工作順利開展。

作為領導者，你擁有權力，但不意味著你同時就擁有了權威。權力可以說只是獲得權威的一個小小的優勢。真正有經驗、有修養的領導者都知道，只有贏得下屬的真心擁護和愛戴，才能真正樹立自己的威信。

將領導威信影響到每一個人

領導者要樹立自己的威信，首先必須具有高尚的人格。日本一位實業家曾經這樣說：「權威是從組織內部自然產生出來的，從一個人內在的實力和人格中自然滲透出來的。」試想，如果哈爾威船長在危急關頭只顧自己逃命，那他的威信又從何而來呢？同樣，作為領導者，如果對自己的個人利益斤斤計較，那他在下屬心目中就不可能有威信可言。

1870 年 3 月 17 日夜晚，法國當時最豪華的郵輪「諾曼底」號，滿載著船員和乘客正從南安普敦到格恩西島的航線上行駛。凌晨 4 點，它被高速行駛的重載大輪船「瑪麗」號在側舷上撞了一個大窟窿後，船體迅速下沉。

人們立刻驚慌失措地湧向甲板，就在這時，船長哈爾威鎮靜地站在指揮台上說：「全體安靜，注意聽命令！把救生艇放下去，婦女先走，其他乘客跟上，船員斷後，必須把至少 60 人救出去！」船長威嚴的聲音，穩定了人們的情緒，當大副報告「再有 20 分鐘船將沉沒海底」時，他說：「夠了！」並再一次命令：「哪個男人敢搶在女人的前面，就開槍打死他！」

於是，沒有一個男人搶在女人前面，更沒有一個人「趁火打劫」，一切都進行得井然有序。在生死關頭，人們完全有不服從船長命令的可能性，而正是船長的威信使局面得以控制。在他要搶救的 60 人中，竟把他自己排除在外！船長哈爾威一個手勢沒做，一句話沒說，隨船沉入了大海。這就是權力所無法比擬的威信的力量。

領導者的品格是決定領導人才自身價值高低的最重要因素之一，也是領導者魅力的重要源泉。法國前總統戴高樂就曾說過，「那些具有高尚品格的人會放射出磁石般的力量，對於追隨他們的人來說，他們是最終目標的象徵，是希望之所在。」

美國首任總統華盛頓在領導獨立戰爭和組織聯邦政府的過程中，曾發揮了巨大的領導和協調作用，而這些作用的有效發揮，直接得益於他的偉大人格所產生的巨大感召力和激勵作用。

華盛頓的身材非常魁梧，體重約 90 公斤，棕色頭髮，灰藍色眼睛，天庭飽滿，神采飛揚。他的外貌呈現出習慣於受人尊重和服從，但絕不傲慢自大的男人形象。「親切」和「謙虛」是人們對他最中肯的評價。「要平易近人，切勿太過狎近，」他告誡他的軍官們，「這是贏得尊重的必要條件。」除此之外，他還教育他們，「要學會寬恕別人的錯誤，這是你贏得別人尊重的祕訣之一。」

當華盛頓還是一位上校時，他率領部隊駐守在維吉尼亞州的亞歷山大

鎮。在選舉維吉尼亞州議會的議員時，有一個名叫威廉·佩恩的人反對華盛頓所支持的候選人。同時，在關於選舉程式的問題上，華盛頓與佩恩也發生了衝突。華盛頓出言不遜，冒犯了佩恩。佩恩一怒之下，將華盛頓一拳打倒在地。華盛頓的部下聞訊後，群情激憤，馬上把部隊開了過來，準備教訓一下佩恩。華盛頓當場加以阻止，並勸說他們返回營地，一場干戈就這樣避免了。

第二天一早，華盛頓派人送給佩恩一張便條。要求他儘快趕到當地的一家小酒店。佩恩懷著兇多吉少的心情如約而至，他猜想華盛頓一定要和他進行一場決鬥。然而出乎意料的是，華盛頓在那裡擺下了豐盛的宴席。華盛頓見到佩恩，立即站起來迎接他，並笑著伸出手說：「佩恩先生，犯錯誤乃人之常情，糾正錯誤是件光榮的事。我相信昨天是我不對，你已經在某種程度上得到了滿足。如果你認為到此可以解決的話，那麼請握住我的手，讓我們交個朋友吧。」華盛頓熱情洋溢的話語感動了佩恩。從此以後，佩恩成為了華盛頓最堅定的支持者之一。

除了平易近人和寬恕別人外，華盛頓其他的品行也為他贏得了無數的尊重：他目光遠大、心胸豁達、堅定果斷而又謙遜質樸。他一生的行事為人，處處讓人體會到他的真誠和執著。他功勳卓著卻不貪戀權力，即使在處於權力巔峰，統率千軍萬馬時，他也從來沒有自我膨脹，沒有任何狂妄的野心。他作風平和，踏實認真，話語不多，但他的每一次講話都發自內心，真摯感人，字字句句都打動人們的心扉。

作為美利堅合眾國的第一任總統，他肩負著組建聯邦政府機構的重任。他心胸寬廣，把美國第一流的人物都納入了聯邦政府。為了確立聯邦政府的威信，他力求從人的才能和品德兩方面來選擇人才。他對各部官員的選擇有兩個條件：第一，要受到人民的歡迎和愛戴；第二，要對人民有影響力。二

者缺一不可。面對政府內閣中的黨派之爭，他總是冷靜地用超人的智慧加以調解。他從不利用手中的權利壓制別人的意見。他對別人表現出來的傑出才幹，毫無卑劣的嫉妒之心，他把當時美國最偉大的政治家都團結在自己周圍，使之為國家造福。

雖然華盛頓大權在握，他卻始終聽從良知的召喚，謹慎地使用權力。他用自己的言行告訴世人，政治和道德可以良性地結合到什麼程度。華盛頓的高尚品格猶如一座政治人格的燈塔，時刻提醒著擁有或希望擁有權力的人，不要在權力的迷宮裡暈頭轉向。

他所具有的偉大品格，使他贏得了美國人民的信任和愛戴。在獨立戰爭期間，大陸會議授予他獨斷的軍事指揮權，從而使美國最終擺脫了英國的殖民統治，獲得獨立。而在聯邦政府成立期間，他被一致推選為第一任總統。在憲政陷入爭吵的時候，也正是憑藉他的偉大人格，才有效地協調了各派的利益，把各種不同派別的人團結在自己的周圍。正是他的偉大品格，才促成了他的豐功偉績。

1799 年 12 月 14 日 —— 這是個讓美國人民至今都沒有忘記的日子，在這一天晚上十點，他們的開國元勛、民族英雄 —— 喬治‧華盛頓與世長辭了。華盛頓去世的消息傳出後，全美國的人們都悲痛不已。昔日的敵人英國也為他的逝世鳴禮炮 20 響致哀。C.P. 森姆納在他寫的《華盛頓頌詞》中這樣說道：「弗農山蔭，將永遠是後人敬仰之所；波托馬克河畔呵，也將永遠變為後人的朝聖之地。」

華盛頓雖然逝去了，但是他畢生奮鬥、培植、呵護建立的美利堅合眾國卻穩固長存。他那無與倫比的軍人勇氣，政治家的風範，至高的榮譽感和人格魅力將永放光彩，偉人不僅屬於美國，也屬於全世界。華盛頓在他身後留給他的國家和全世界最寶貴的財富是一個毫無瑕疵的生活楷模：偉大、誠實、

純潔和高尚的品格，這是所有後來人形成自己的品格時效仿的榜樣。他是美國真正的力量源泉，透過他自己在生活中的榜樣作用和自己所遺贈的品格，他支撐和鼓舞了自己的國家，強化和鞏固了自己的國家，使它更為高貴，使它閃爍出絢麗的光輝。

職場診療室

人與人交往，常常是意志力與意志力的較量。不是你影響他，就是他影響你。作為領導者，必須建立自己的權威，樹立自己的威嚴與影響力，並適當地注意自己的身分。領導者在平時尤要注意自己的言行舉止，因為你的一舉一動，都將影響到你的下屬，所謂「上行下效」、「上樑不正下樑歪」。在公共場合講話，譬如面對許多下屬演講、做報告時，要威嚴有力。當與下屬談話時，說話要有分量，一是一，二是二，堅決果斷，切忌被下屬所左右。

容人的雅量是一種美德

　　寬宏的度量，被稱為雅量。雅量是一種美德，為人們所稱道。而心胸狹窄的人，往往因計較雞毛蒜皮的小事，眼光短視而看不遠，成不了大器。

　　石勒是十六國時後趙的創建者。他出身卑下，幼時家境貧寒，為人傭耕，後又當過農奴、奴隸。因為天下大亂，又為窮困所迫做了強盜，以搶掠起家，後來竟擁有了十萬之眾的軍隊，便產生了圖謀天下的大志。

　　雖然一字不識，但為人謙虛，能聽進去讀書人的建議，如對張賓等謀臣，他言聽計從。而張賓也很有謀略，計不虛發，算無遺策，使石勒從只知猛衝猛殺到能以智取勝。同時石勒心胸寬廣、性格豪爽，對待部下非常寬容友好，故將士皆能歸心，為他拚死效力，所以最終能夠統一北方。

建立後趙，登上皇位之後，石勒對昔日的仇敵能夠寬恕相待，團結起來以為己用。有一次，他回到故鄉，與鄉親父老們共餐對飲，談到平生事跡，十分歡快。石勒在家時，跟李陽是鄰居，為了爭奪麻田，經一常互相毆打。飲酒時，石勒沒看見李陽，便問：「李陽乃是壯士，為什麼不來？」又說：「為麻田起衝突是布衣百姓之間的爭鬥，我現在擁有天下，怎麼會與百姓為仇呢？」於是派人去召喚李陽。李陽來到後，石勒與他舉杯共飲，撫著李陽的手臂笑著說：「我往日吃了你不少老拳，你也嘗盡了我的毒手，那都是過去的事了，也算是我倆的交情啊。」隨後賞賜給李陽一座住宅，任命他為參軍都尉。

還有一次，石勒提拔參軍樊坦為章武內史，樊坦入宮辭謝，石勒見到他衣服破爛，非常吃驚，問道：「樊參軍為何清貧至此啊？」樊坦性格質樸，照實回答道：「遭遇羯賊無道，所有的家產損失殆盡。」石勒笑道：「羯賊如此暴掠，現在我應該予以補償。」樊坦這才想起石勒正是羯族，羯族在後趙被稱為國人，說羯人為羯賊是觸犯律法的，因此大驚失色，立即跪地求饒。石勒反而安慰他說：「我的律法是為了提防那些無賴的俗人，與你這樣的前輩老先生無關。」於是賞賜樊坦車馬和衣服，並給錢三百萬。

為人君主者若能雅量待下，則天下必能歸心，朝政必能日盛。對石勒來說，難能可貴的是手握生殺大權之後能夠原諒原來的仇敵，更能容忍別人的無意冒犯。像這樣的人，必能達到人生所能實現的頂峰。因此，作為一名領導者培養自己有容人的雅量是非常重要的。

宋太宗時，為朝廷立下汗馬功勞的孔守正官拜殿前都虞侯。一天，他和同為武將的王榮在北陪園侍奉太宗酒宴。

由於都是豪爽之人，兩個人在酒宴上推杯換盞，大聲談論戰場上的英雄之舉。不一會兒，孔守正就喝得酩酊大醉，和王榮在皇帝面前爭論起守邊的

功勞來。兩個人越吵越氣憤，臉紅脖子粗，甚至忽略了在場的太宗，完全失去了下臣的禮節。侍臣奏請太宗將二人抓起來送吏部去治罪，太宗不同意，只是讓人送二人回家。

第二天，二人酒醒後，上大殿向太宗請罪，太宗說：「朕也喝醉了，記不得有這些事。」二人感激涕零，發誓更加努力地堅守職位，誓死效命。百官也特別佩服感念太宗的寬容。

身為天子，太宗面對兩個大臣酒醉之後在自己面前爭功的事情，必會有一些嫌惡，但是在他們醒後請罪之時託辭說自己也醉了，既沒有丟失朝廷的體面，又讓孔守正他們知道警醒，豈不是兩全其美嗎？

作為君主，擁有四方，要駕馭群臣，沒有過人的度量是不可能做到開心，做到成功的。現今為領導者擔當著權衡大局的責任，也應該培養這樣的胸懷，才能使眾心歸一。

> **職場診療室**
>
> 邁向成功的人所需的素養中包括寬容的個性，這一點至關重要。寬容首先表現在對人的個性的接納上，允許別人有與自己不同的性格、愛好和需求，不要求別人和自己一樣，不對別人吹毛求疵，尤其是領導者，要有一種寬容的心胸，有能欣賞別人特點的能力。

風度翩翩處理事情

領導者在面對追隨者的弱點時，應以委婉的態度處理，不應採取粗暴、強硬的手段。領導者應時刻保持自己的風度。

幾年以前，奇異公司面臨一項需要慎重處理的工作 —— 免除查爾斯·史坦恩梅茲某一部門主管的職務。史坦恩梅茲在電氣方面是第一流的天才，但

擔任電腦資訊部門主管卻徹底的失敗。然而公司卻不敢冒犯他，因為公司絕對少不了他，而他又十分敏感，於是他們給了他一個新頭銜。他們讓史坦恩梅茲擔任「奇異公司顧問工程師」—— 工作還是和以前一樣，只是換了一項新頭銜並讓其他人擔任部門主管。

史坦恩梅茲十分高興。奇異公司的領導者也很高興。他們已溫和地調動了這位最暴躁的大牌明星職員，而且這樣做並沒有引起一場大風暴，因為公司讓他保住了面子。

作為領導者，以溫和的風度和靈活的策略保住部下的面子，是一件多麼重要的事情 —— 而不少領導者卻經常忽略這一點，他們殘酷地抹殺他人的感覺，在眾人面前批評下屬，找差錯、施以威脅，而不去考慮是否傷害到下屬的自尊。實際上，一兩分鐘的思考，一兩句體諒的話語，對他人態度作寬大的了解，都可以減少對別人的傷害。

如果你是一個企業的領導者，在辭退一個下屬時，應該意識到，辭退下屬並不是一件很有趣的事，被辭退更是沒趣。我們不能把這種事演變成一種習俗 —— 只希望盡可能快地把這件事處理掉，通常依照下列方式進行：「請坐，先生，這一季已經過去了，我們似乎再也沒有更多的工作交給你處理。當然，畢竟你也明白，你只是在我們最忙的時候招來幫忙而已……」這些話為對方帶來的失望以及被拋棄的感覺難以言表 —— 你應該意識到，他們之中的大多數人一生都從事相類似的工作，而對於這麼快就拋棄他們的公司，當然不會懷有特別的好感，甚至會充滿恨意，在離職後可能成為原公司的心腹大患。

有涵養的領導者總是考慮用稍微圓滑和體諒的方式來遣散公司裡的多餘人員，比如在仔細考慮將被遣散的每個人在上一季度裡的工作表現之後，把他們叫進辦公室來，「先生，你的工作表現很好，那次我們和××公司的合

作真是一項很艱苦的任務。你遇到了一些困難，但處理得很妥當，但是……（說說公司不得不裁人的困難）我們希望你知道，公司以你為榮，你對這一產業懂得很多，不管你到哪裡工作，都會有很光明遠大的前途。公司對你有信心，支持你。我們希望你不要忘記。」

結果呢？顯然他們走後對於自己被辭退的感覺會好很多。他們不會覺得被拋棄。他們知道，如果公司有工作給他們的話，公司會把他們留下來。而當公司再度需要他們時，他們將帶著深厚的感情，再來效勞。

一個有涵養的領導者應該風度翩翩地去處理下屬的弱點，而不是動輒便以「殺一儆百」來確立威信，即使我們是對的，別人絕對是錯的，我們也會因讓別人丟盡了臉而毀了他的自尊。法國一位傳奇性作家對此給了最準確的詮釋：「我們沒有權利去做或說任何事以貶抑一個人的自尊。重要的並不是我覺得他怎麼樣，而是他覺得他自己如何，傷害他人的自尊是一種罪行。」

職場診療室

領導者必須具有一流的耐性。對人對事都應如此，即使追隨者有許多缺點，領導者也應克制，在暫時的障礙與壓力下，仍要保持前瞻性。總之，領導者應有耐性，同時還應堅守自己的目標。

用魅力吸引人才加盟

所謂「桃李不言，下自成蹊」就是指要努力建設自身，使自身的條件、環境以及形象都充滿了吸引人的魅力。這樣，即使自己按兵不動，人們也會禁不住誘惑，自動上門拜訪。作為新上任的領導者如果具備這種魅力，你在納才過程中就可以遊刃有餘了。此時的你，甚至可以作壁上觀，姜太公釣魚──願者上鉤。但困難在於如何才能做到這點呢？

　　香港新鴻基證券有限公司是馮景禧於 1969 年創辦的。該公司在日成交數億港元的香港證券市場上，占有 30% 的股份。公司年盈利額達數千萬港幣，馮景禧的個人財產達數億美元，成為稱雄一方的「證券大王」。而今，新鴻基集團不以擁有巨額資產為榮，卻以擁有一大批有知識、有能力、有膽量、善於運用大好時機、敢於接受挑戰的人才團隊為驕傲。

　　領導者是自己公司或部門的首腦，代表著公司或部門的形象。人們評價一個公司或部門時，最先考慮的就是領導者的人格魅力如何。尤其是對受過高等教育的人來說，領導者素養的高低會直接影響到他們對整個公司或部門的印象。因為對知識層次較高的人來說，他們往往會認為在素養較低、缺乏人格魅力的人手下工作對他們是一種侮辱和貶低，很顯然，他們難以接受這樣的領導者。而如果領導者本身人格魅力十足，在應徵人才時，就可以免掉這一憂慮。因此，作為領導者，必須時刻注意自己的公共形象和影響，同時要形成良好的品行以增加自己的人格魅力，造成表率作用，使自己給人一種清新自然而又激情四溢的感覺，而不是給人一種沉悶、討厭的情緒。

　　為什麼全世界的菁英都想到微軟公司一展身手？這在很大程度上就是因為微軟公司和微軟公司的領導者本身魅力的吸引。微軟公司從一家小公司發展成為全球最大的軟體公司、比爾蓋茲中途退學創業的勇氣和氣魄、比爾蓋茲是全世界最富有的人等等，這些都是能吸引到人才的地方，甚至給人一種能到比爾蓋茲手下工作是一種榮幸的感覺。

　　由此，我們不得不承認領導者魅力對人才感召的重要性。舉個簡單的例子：兩家實力相當的公司同時看中了一個人，開出的待遇也差不多，而其中一公司的領導者涉嫌逃稅、走私，另一公司的領導卻正直廉潔，多次受到媒體的褒獎。此時，你會選擇哪一家呢？一般來說，自然會毫不考慮地選擇後者。為什麼會這樣呢？其實這就是領導者人格魅力的吸引。所以，領導者絕

不能忽視自己的魅力對公司的影響，要知道自己的形象就如一面鏡子，時刻向外反射著公司的情況。

職場診療室

企業的文化氛圍對人才的吸引力也是不容小覷的。如果公司員工的整體教育程度較低，處於一種簡單勞作的狀態，也就表明了公司的科技水平較低，這樣是難以吸引高水平的人才的。領導者必須改變這種狀態，提高全體下屬的素養，營造一個積極向上、充滿樂趣的工作環境，這對於人才的吸引與以前將不可同日而語。

領導工作要公私分明

公私不分、假公濟私或缺乏公正的領導者在下屬的心目中不會具有威信。因此，切忌假公濟私。公私分明是領導者用權最重要的標準。唯有如此，才能正己立身，才能管好下屬，否則，就會完全掉進私慾的陷阱之中不能自拔，造成破壞性的後果。

對一位領導者或者企業主管而言，公與私是不能同時滿足的，因私必然害公！因私害公的領導或主管在下屬眼中就會毫無威信可言。人一旦做了主管，自尊心就會隨之提高，常常會莫名其妙地感到自己被忽視，別人一說悄悄話，或在暗中商討事情，就會覺得很不是滋味。在很多的公司都會發生這樣的事情：

「經理，請您在合約上簽字。」

「為什麼不事先和我商量？我根本就不知道這件事。」

「可我現在不是來告訴您了嗎？」

「你早就自己決定了！可見你根本就不把我放在眼裡，我是不會簽

字的！」

像這種例子，屢見不鮮。的確，事先未向這位經理報告，對經理而言，可能是不太禮貌。但如果事事都要報告，你管的過來嗎？作為主管，你只需對最終結果把關就可以了，至於過程應該由下屬自己去搞定。這位經理大可不必因此懷恨在心，阻礙工作的正常開展，於公於私都沒有好處。

作為現代企業的領導，只有無私才能無畏！每一位處在工作職位上的人，都應該公平、公正地對待每一位員工。那麼，到底怎樣才是「公平」呢？如何判斷自己對待下屬是否「公正」呢？判斷的標準就是無私，即不可考慮自己的利益所在。

比如說分配工作。當遇到比較困難的工作時，你不能只想著把困難交給「員工們」，自己當「壁上觀」，也不要因為工作輕鬆又可獲得利益，便想掠奪過來，企圖自己做。這樣的念頭，都會使下屬對你的信心大減。因為你的企圖很容易被下屬看穿。就企業的利益而言，你必須從工作的重要性、緊急性綜合判斷，在判斷的過程中，絕不可摻雜絲毫的個人利益。如果你從工作大局，從企業的未來發展情況來考慮問題，就可以光明磊落地放手去做。但是，你必須妥善處理組員之間的爭執。雖然說，領導應該經常關懷弱者，然而，有時過多的關懷會適得其反。作為領導，還應該明白「慈不掌兵」的道理。

真正的公私分明不僅要求切忌在大事上因公害私，也要求注重細節。因為大局和細節一樣，都能體現出一個人的立場原則。領導者在細節上也要嚴格要求自己。年輕人對領導者處理日常事務都非常敏感。在這被不滿與懷疑充斥的社會裡，做一個領導者，只要有一點點不能公開向大家交待的地方，就無法獲得新員工和下屬的心。

工作中使用交際費是很多企業主管通行的慣例，但這也會產生很多問

題，比如新員工對上級主管所擁有的交際費常常會產生懷疑。主管不管是為了工作還是為了公司的客戶，只要在飯店或酒店等地出入，新員工懷疑的眼光便會集中在他們身上。一旦發覺主管有不廉潔的行為，嘴裡雖然不說，卻會牢記在心中。他們固然也會認為這種人很能幹，但還是覺得不能太信任他們。以後即使主管說出一堆大道理，他也只會在心裡反駁或冷笑。而且現在對這種做法懷有反感的年輕人也越來越多。所以這種人雖然很擅長與外面的人交涉，但是卻不能做個好主管。因此，濫用交際費，或者在交易的對象身上花許多錢以達到目的的時代已經過去。今後，誠信和努力將成為交易的通行證。如果想要獲得這些新員工的信任，就必須避免無節制地使用交際費來進行公事上的應酬。

　　還有一種情況是，有的領導者會讓下屬懷疑：他是不是有收取回扣，他是否謊報交際費？雖然沒有證據，但是行動可疑。一旦被蒙上這層陰影，大家對他的好感便會大打折扣。此外，用公費去交際、喝酒也是造成表裡不一的原因。再有，用單位的電話閒聊私事，或者郵寄私人物品時使用公費等，這些小事都能慢慢地使人對你的好印象變壞。

　　在處理公司業務的過程中，占便宜的想法是絕對要不得的。俗話說，「君子愛財，取之有道」，我們絕不能靠占公司便宜來中飽私囊。公司裡的同事、老闆的眼睛都注視著你，聰明的人絕不會揩公司的油。因此，你一定要讓老闆、同事和新員工都知道你是絕不貪私的人。

　　即使你只是個小小的基層主管，那也是領導的身分，無論你貪的私利多麼「微不足道」，那也是貪汙的行為。人的欲望是無止境的，很多人都是從小貪淪為大貪。千萬要記住「勿以惡小而為之」這句至理名言。

　　在現代社會，用來獲得別人信賴的，究竟是什麼呢？是手腕嗎？經歷嗎？請人家喝一杯嗎？這對價值觀多元化的新員工而言，是很難弄清楚的。

但是你只要記住一條，那就是如果你能保持清廉，便可以贏得別人的信任。以往的社會，對才能和手腕非常重視，但在日後，清廉自守是更重要的條件。它會帶給你意想不到的力量，成為新員工對你心服的原動力。

工作中使用一些手段無可厚非，但是你要注意所用的手段必須是「乾淨」的才會成功，才不會給自己留下後遺癥。如果不乾不淨的話，一切都等於零。而你的經歷中如果稍有貪私的地方，便會使人覺得一無是處。因此，公私分明，應當從小事做起。

職場診療室

強調廉潔是現代社會重要的事。身為一個領導者，一定要戒貪，即使你只是一個小小的主管，也是領導者。以往的社會，對才能和手腕非常重視，但在日後，清廉自守是更重要的條件。它會帶給你意想不到的力量，成為新員工對你心服的原動力。

對下屬要寬嚴相濟

對於部下和員工，應該如何統御呢？是嚴還是寬？是剛還是柔？松下幸之助的經驗是：以慈母的手，握著鍾馗的劍。也就是說，以懷寬宏，但處理則要嚴厲、果斷，絕不能手軟。

上司對於下屬，應該是慈母的手緊握鍾馗的劍，平時關懷備至，犯錯誤時嚴加懲罰，恩威並施，寬嚴相濟，這樣方可成功統御。慈母的手，慈母的心，是每一個領導者都應具備的，對於自己的部屬和員工，要維護和關懷。因為，他們是你的同路人，甚至是你的依靠。而且，也只有如此，才能團結他們，共達目標。

老闆總是認真地傾聽員工訴說自己工作中的困難和生活中的苦惱。一旦

第七章　統御下屬：領導力就是大秀個人魅力

員工家中有什麼事情，他都會給一定的假期，讓其處理家事。由於他能與員工同呼吸、共命運，深受員工的愛戴。顧客們到他的公司後，看到公司員工一個個心情愉快，對該公司就產生了信任感，所以公司效益一直很好。

作為企業領導，要努力與員工一起營造一個積極、愉快、向上的內部環境，採用愛顧客首先要愛員工的管理方法。日本八佰伴公司就是這麼做的，雖然這位零售業的大廠早已轟然倒下，但它在企業管理方面的很多經驗仍然值得我們借鑑。

1950 年代末，八佰伴公司擬貸款 2000 萬日元為員工蓋宿舍樓，銀行以為員工建房不能創效益為由一口回絕。但是公司老闆和田夫婦以愛護員工、員工才能努力為八佰伴創利的理由說服銀行，終於建起了當時日本第一流的員工宿舍。

那些遠離父母過集體生活的單身員工，吃飯愛湊合，和田加津總像慈母一樣，每週親自制定食譜，為員工做出香噴可口的飯菜。在婚姻上，也像關心自己的孩子一樣關心他們，她先後為 97 名員工作媒，其中有大部分的另一半都是八佰伴員工。

每年五月份的第二個週日是「母親節」，和田加津覺得遠離父母，生活在員工宿舍的年輕人，夜裡一個人鑽進被窩時，一定十分懷念、留戀父母。於是，她專門為單身員工的父母準備了鴛鴦筷和裝筷匣。當員工家長在「母親節」收到孩子寄來的禮物後，不僅寫信給他們的孩子，也感恩公司。一些員工邊哭邊說：「父母高興極了！我知道了，孝敬父母，父母雖然高興，但是只有讓父母高興，做子女的才最高興。」

為了加強對員工的教育，除每天晨會之外，每月還定時進行一次實務教育。實務教育中的精神教育包括創業精神、忠孝精神、奉獻精神等。和田夫婦非常清楚，孝敬父母是一個人與別人和睦相處的基礎，員工能孝敬父母，

通常也能尊敬上司，如果把他們對父母的孝心變成服從上司的領導，那將會極大地促進公司的發展。

當然，我們對待下屬也不能過分「溺愛」，更不能縱容，該嚴厲時絕不手軟。這種嚴厲基於人類的基本特性而來的。松下幸之助認為，有些人不需要別人的監督和責罵，就能自覺地做好工作，嚴守制度，不出差錯；但是大多數的人都是好逸惡勞，喜歡挑輕鬆的工作，撿便宜的事情，只有別人在後頭常常督促，給他壓力，才會謹慎做事。對於這種人，你必須嚴加管教，一刻也不能放鬆。

作為一名企業領導，在管理上寬嚴得體是非常重要的。尤其是在原則和制度面前，更應該分毫不讓，嚴厲無比；對於那些違犯了條規的，就應該舉起鍾馗劍，狠狠砍下，絕不姑息。松下幸之助曾說：「上司要建立起威信，才能讓部屬謹慎做事。當然，平常還應以溫和、商討的方式引導部屬自動自發地做事。當部屬犯錯誤的時候，則要立刻給予嚴厲的糾正，並進一步地積極引導他走向正確的路子，絕不可敷衍了事。所以，一個上司如果對部屬縱容過度，工作場所的秩序就無法維持，也培養不出好人才。換言之，要形成讓員工敬畏課長、課長敬畏經理、經理敬畏部長、部長敬畏社會大眾的輿論。如此人人能嚴於律己，才能建立完整的工作制度，工作也才能順利進展。如果太照顧人情世故，反而會造成社會的缺陷。」

「無論用人或訓練人才，都要一手如鍾馗執劍，另一手卻溫和如慈母，做到寬嚴得體，才能得到部屬的崇敬。」這是松下公司多年來一直奉行的管理原則。

當員工的工作表現逐漸惡化之時，敏感的主管必須尋找發生這個現象的原因，如果不是工作本身的原 - 因造成的，那麼很可能是員工的私人問題在打擾他的工作。有些主管對這種現象不是採取「這不是我的責任」而忽視它，

就是義正辭嚴地告誡員工振作起來，否則自己捲鋪蓋走路，還有些主管只是一味地強調員工的行為舉止而不針對問題的核心。

　　作為一名企業領導，如果你希望員工關心公司，那麼，你首先要關心員工。當然，這種關心絕不是輕描淡寫地問問就算了，而是要幫他們實際解決問題，比較切實可行的方法是，你應該是與他們一起討論出現問題的原因，並幫助他們找到正確的解決辦法。

職場診療室

上司對於下屬，應是慈母的手緊握鍾馗的劍，平時關懷備至，犯錯誤時嚴加懲罰，恩威並施，寬嚴相濟，這樣方可成功統御。慈母的手，慈母的心，是每一個領導者都必須具備的，對於自己的屬下和員工，一定要維護和關懷。因為他們是你的同路人，甚至是你的依靠。

樹立權威的幾點建議

　　很多有實力的能人之所以沒能成就大事，是因為他們雖有影響力，卻沒能在群眾之中樹立權威。別人可能會認為你是對的，可是他們沒有接受你差遣的義務。這時，你可能會產生疑問，自己究竟是主管還是部屬。這是工作生涯中的一個尷尬時期，你應當學會如何面對。可是總有一些人無法從容地面對這種困境，處理不好，結果落得自毀前程。

　　小麥在紐約一家小型投資公司任職。他年輕有為，富有才幹。這家公司是個合夥企業，一位資深合夥人執掌大權。其他 12 位合夥人雖然精明活躍，卻受制於這位資深前輩。小麥發現，雖然這位前輩表面的職位與其他合夥人相當，但聰明才智卻比他們高出一等。

　　與這位前輩一樣，小麥的很多想法都比別人大膽，工作效率和工作業績

也比別人高出很多。所以，這位資深合夥人就極力提拔他，向其他合夥人大力舉薦小麥，並讓他當上了一家著名基金會的信託人。在每次的合夥人會議上，這位前輩都要聽聽小麥的意見。小麥此時的身分，實際上已被視為同輩中坐第一把交椅的人，但由於身分沒有明確，小麥為此十分苦惱。處在主管位置上卻沒有正式的名分，這使得他的工作非常被動。小麥迫切希望公司能以一種公開、正式的方式，使自己的主管身分得到認可。

然而，等待並沒有給小麥帶來他想要的結果，他只好向那位前輩攤牌——希望他召集所有的人宣布「他是老大」。但是這位前輩卻有自己的顧慮，他害怕這樣一來會引起其他人的不滿和反對，因此並沒有同意這麼做。小麥倍感受挫，他不能容忍有實力卻無權威的現實，最終選擇離開了這家公司。

實際上，要想獲得實際的權威，是有章可循的。以下的幾點建議可以幫你利用影響力樹立你的名分和權威：

(1) 學會察顏觀色。因為你的影響力難以測量，有的時候老闆也許會明顯地表現出對你的不信任，你必須運用你的眼光和頭腦準確判斷自己在別人心目中的位置。

(2) 保持清醒。在旁人昏頭轉向時，你若能保持清醒，就會擁有更大的權威。作為領導，你必須具有舉重若輕的氣度和魄力，面對危機鎮定自若，這樣別人就會把你看成最後一根「救命稻草」，自然向你靠攏。

(3) 主動提案，大膽嘗試。領導者對待工作不能消極等待，你必須學會主動出擊，能率先提出或否定某種觀念的人會在這方面有更大的權威。如果你總是畏首畏尾，或者總是把問題交給上司或下屬，那你就不配當領導。

(4) 不吝讚美。在合適的場合、合適的時候讚揚你的下屬，能振奮士氣，使自己贏得好感。這種讚美其實不用花費你的任何代價，你只用動動嘴皮子就可以做到。所以，請不要吝嗇你的讚美之詞。

(5) 善於掌握分寸，在影響力和工作權威之間取得適當的平衡。作為領導，如果你對下屬過分苛刻，即使你的出發點是為了讓工作做得更好，並沒有個人私心的考慮，你也會落得個「孤家寡人」的下場；但如果你對下屬過於寬容大度，他們會視你為無物。

(6) 要循序漸進，不可操之過急。增進自己權威的過程是漫長的，不可能一蹴而就，你必須沉得住氣，注意把握分寸。雖然領導的權利是隨著任職文件一起來的，但是領導的權威是需要日積月累的。

(7) 當機立斷。有成就的領導者不一定才智過人，但他們更了解自己的影響力，並且會充分地加以利用。當機立斷，果斷處置，會讓你立刻彰顯領導權威和人格魅力。

職場診療室

當主管必須要有權威，沒有權威就難以駕馭全局。權威是以服從為前提的支配力量。領導者權威的核心是威望。有人說：「有權就有威。」但更符合事實的說法是，權威是靠領導者在實踐中積累起來的，是靠強大的人格力量和超凡的工作業績獲得的。

第八章

著眼大局：即使不是第一隻雁，也要保持隊形

不能愛哪行才做哪行，要做哪行愛哪行。

—— 邱吉爾

工作是一種樂趣時，生活是一種享受！工作是一種義務時，生活則是一種苦役。

—— 高爾基

你還在一個人吃午餐嗎？

　　一個人無論多麼優秀，畢竟能力有限。唯有合作，才能完成你自己無法獨立完成的工作。員工在個性特點上要具有合群性，幾乎已成為各種企業的普遍要求。個人英雄主義色彩太濃的人在企業裡不太容易立足。因此想要做好一件事情，絕對不能僅憑個人愛好獨斷專行。只有透過不斷溝通、協調、討論，優先從整體利益考慮，集合眾人的智慧和力量，才能做出為大家接受和支持的決定，才能把事情辦好。

　　人與人之間最寶貴的是真誠、信任和尊重，其橋樑便是溝通。事業中沒有溝通，就沒有成功。工作中沒有溝通，就沒有了樂趣和機會。同事之間的相互溝通，可以增加彼此的相互理解、相互信任。信任了，各種矛盾也就容易化解，在進行具體的協調服務工作時就會避免不必要的麻煩，給我們提供許多便利，提高工作效率。交流可以使你快速成長，正如一位名人所說：「你有一個蘋果，我有一個蘋果，交換後仍然只是一個蘋果；而你有一個想法，我有一個想法，交換後就會得到很多思想。」與你的上司充分溝通永遠是職場人必須熟記的生存守則。透過溝通才能使你的上司了解你的工作作風、確認你的組織與應變能力、理解你的處境、知道你的計劃、接受你的建議，這些反饋到他那裡的資訊，讓他能對你有個比較客觀的評價，並成為你日後能否升遷的考核依據。

服從團隊的總體安排

　　服從是軍人的天職，也是員工的職責。在一個團隊中，每個位置都要有人，任何工作都要有人去做。如果你有團隊合作精神，就不要推脫分給自己的工作。

如果分配給你的工作是老闆和其他同事都感到棘手的事情，這時候你要勇於把這件同事不能做的大事承擔下來，因為「危難時刻方顯英雄本色」，這時如果你能從容鎮定地把問題解決，老闆對你就會另眼相看。

如果分配給你的是微不足道的小事，那麼你也要高高興興地接受。工作中有許多細微小事，這往往也是被我們所忽略的地方，有心的員工是不會忽視這些不起眼的小事的。俗話說，大處著眼，小處著手。做這些小事，也許是填缺補漏，但時間長了，你考慮事情周到、能吃苦、工作扎實的作風就會深深地印在老闆心中。

上司讓志傑去一個新的地方開闢市場，那是一個十分偏僻的地方。很多同事都認為，公司的產品想在那個地方打開銷售通路幾乎是不可能的。在把這個任務分派給志傑之前，上司曾經三次把這個任務交給過公司裡的其他人，但是都被他們推掉了。他們一致認為那個地方沒有市場，接受這個任務的結果將是徒勞無功。志傑在接到上司的指示後，什麼也沒有多說，只帶著一些公司產品的樣品出發了。

三個月後，志傑回到了公司，他帶回了令人振奮的消息，那裡有著巨大的市場。其實，志傑在出發之前，他也認為公司的產品在那裡銷路並不樂觀。但是，由於他堅決成功的意識，使他毅然前往，並用盡全力進行市場開拓，結果取得了重大的成功。

不管怎樣，不管被安排到什麼位置，你的努力都不會白費，總有一天會見到成效。所以，你沒有理由對工作挑三揀四。只要是金子，在哪裡都會發光。

在軍隊中，下級服從上級是不容置疑的。在企業中雖然不會有這麼嚴格，但是為了要實現大家共同的目標，每位員工都應該具備服從上司工作安排的紀律性。

如果大家都挑肥揀瘦，好的就去做，不好的就不願意做，那麼這樣各行其道的局面還談得上什麼合作？其結果只能是一盤散沙。大家都是磚，但卻砌不成牆，每個人的價值都不能得到最大限度的發揮。

要服從上司的安排，要求你無條件地服從。既然你的上司是一個值得合作的夥伴，那麼他的每一個決策自然有他的道理。不要只是從自己的角度出發考慮事情，上司安排工作的初衷一定是好的，不管合不合心意，都要全力以赴去做。

當然，每一個人都有獨立判斷能力，對事情也總是有自己的看法。所以當對自己被分配的工作不滿意時，會有各種各樣的情緒反應。一些人心不甘情不願，由於實在抹不開臉面，只好違心應允。「本來可以拒絕的工作，卻接下來。」「這種工作為什麼分給我做。」在內心不情願的情況下，勉強接受工作，不斷發牢騷。這樣，工作起來就會感到索然無味，自然也就沒有什麼工作熱情，工作效率可想而知。

另一些人，認為躲不掉也逃不過，只好硬著頭皮、佯裝笑臉去應付。因為害怕得罪老闆，會失去信任甚至被穿小鞋，實在推脫不過，只好勉強答應。他們總是心事重重，很容易產生「工作不順利」、「乏味地工作」等情況。

這些消極面對任務的人，工作往往不會太順利。當工作結果不好受到老闆批評時，又會埋怨老闆當初分配給自己的工作不好。這樣的結果只能是讓情況越來越糟糕。所以，企業不會歡迎這樣的人。

「對必然之事，要愉快地加以承受。」這西方諺語在耶穌誕生前 399 年就開始流傳。在這個充滿競爭的世界，今天的你比以往更需要懂得這句話的道理。

小趙原來在某公司的業務部當經理。一天他突然接到人事部門的調令，調他去供應部當經理。在公司，供應部的地位哪裡比得上業務部呢？小趙心

想如此一調，不就是公司明擺著對自己不滿意嘛，看來前途不妙。以前小趙從事銷售工作，整天往外跑，很合乎他的個性，如今，要他整天呆在辦公室裡做物資調配，和那些器材報表打交道，實在是有些受不了。

開始的時候，小趙有點悶悶不樂，心灰意冷。後來他自己忽然想到一個問題：為什麼我以前對自己信心十足，當上了供應部經理後就沒有了呢？是不是因為自己的期望值無形中隨著部門的調動而降低了，自己失去了自我上進的動力？

於是，他開始把精力投入新的工作，慢慢地發現在供應部也有自己的用武之地。而且，供應部對整個公司來說，起著舉足輕重的作用，只是大家平時把它忽略了而已。

小趙重新找到了工作的意義，一改以往消極拖沓的作風，變得充滿自信，工作起來如魚得水，得心應手。他的積極態度也感染了下屬。

由於他出色的工作成績，供應部獲得總公司頒發的兩次特別獎金。不久，小趙又收到一張人事調令，他被提升為公司的副總經理。

有位哲人曾說：「心若改變，你的態度跟著改變；態度改變，你的習慣跟著改變；習慣改變，你的性格跟著改變；性格改變，你的人生跟著改變。在順境中感恩，在逆境中依舊心存喜悅，認真地活在當下。」

在現實生活中，我們常常認為自己的想法才是最好的，才是對的。但實際未必是這樣。你必須相信：目前我所擁有的，不論好壞，都是對我最好的安排。無條件地服從給你的安排吧，不管你喜不喜歡，因為生命正是要在困厄的境遇中才能發現自己、認識自己，從而才能錘煉自己、彰顯自己，最後完成自己、昇華自己。

> **職場診療室**
>
> 服從是軍人的天職，也是員工的職責。在一個整體中，每個位置都要有人，任何工作都要有人去做。如果你有團隊合作精神，就不要推脫分配給自己的工作。一名優秀的員工，會在接到命令之後毫不猶豫地執行。他們不會把聰明才智花在計較個人得失上，他們只會想盡辦法把工作做好。

成功的基石是合作

　　很多人都聽過一根筷子容易被折斷，十雙筷子綁在一起，就不會被折斷。可見合作的力量多麼強大！

　　管理學上有一則非常經典的故事：

　　一位生前經常行善的基督徒見到了上帝，他問上帝天堂和地獄有何區別。於是上帝就讓天使帶他到天堂和地獄去參觀。

　　到了天堂，在他們面前出現一張很大的餐桌，桌上擺滿了豐盛的佳餚。圍著桌子吃飯的人都拿著一把十幾尺長的勺子。不過令人不解的是，這些可愛的人們都在相互餵對面的人吃飯。可以看得出，每個人都吃得很愉快。天堂就是這個樣子呀！他心中非常失望。

　　接著，天使又帶他來到地獄參觀。出現在他面前的是同樣的一桌佳餚，他心中納悶：天堂怎麼和地獄一樣呀！天使看出了他的疑惑，就對他說：「不用急，你再繼續看下去。」

　　過了一會兒，用餐的時間到了，只見一群骨瘦如柴的人來到桌前入座。每個人手上也都拿著一把十幾尺長的勺子。可是由於勺子實在是太長了，每個人都無法把勺子內的飯送到自己口中，這些人都餓得大喊大叫。

是天堂還是地獄，是想憑藉自己的能力獨享結果，還是合作互助達到雙贏，看你自己的選擇。要知道，僅憑你一個人的能力有時候是很難完成某項任務；大家一起合作，不斷地提供各種不同的資源，才能有更多的成功機會。

從小到大，我們對於各種競爭都不會陌生。大考、小考，一路到高考，只有競爭中的勝利者才能進入大學。我們在與同伴競爭資源，競爭機會，然後得以上大學，並且找到一份工作。但是可惜的是，我們的這些人生經歷跟合作沒有關係。

在人生的道路上，個人英雄很少。不論你是工程師、經理人或是一名普通員工，你的工作都必須仰賴別人跟你的合作。就像是一個籃球隊那樣，任何的得分都必須靠隊員之間縝密的配合。優秀的籃球球員如麥可‧喬丹，除了他精湛的球技之外，更重要的是他與隊員間良好的默契，以及樂於與隊員共同追求卓越的精神。

獨木難成林。我們都知道，一根筷子很容易折斷，但是一把筷子就很難再被折斷了，這樣每一根筷子也都得以完整。一個人的力量始終是有限的，但是點滴的個人力量就會聚集而成巨大的能量。

連日的暴雨，讓江水直線上漲。肆虐的洪水最終衝破了江堤。離江邊不遠處的一個個小院子頓時成了一片汪洋。受災的人們站在江堤上，痛苦地凝望著浸泡在水中的家園。

忽然，有人驚呼：「看，那是什麼？」一個黑點正順著波浪漂過來，一沉一浮，很像一個人！有人「嗖」地跳下水去，很快就靠近了黑點，但見他只停了一下，便掉頭迴游，轉瞬間游上了岸。

「一個蟻球。」那人說。「蟻球？」人們不解。

說話間，蟻球漂了過來，越來越近，人們都看清了：一個小足球般大的蟻球！黑乎乎的螞蟻密一隻隻緊緊抱在一起。風起雲湧，不斷有小團螞蟻被

浪頭打開，像鐵器上的油漆片剝離開去。人們看得驚心動魄。

終於，蟻球靠岸了。蟻球一層層散開，像打開的登陸艇。蟻群迅速而秩序井然地一排排沖上堤岸，成功登陸了。岸邊水中仍留下了不小的一團蟻球，那是英勇的犧牲者，它們再也爬不上來了，但它們的屍體，仍然緊緊抱在一起。

看看小螞蟻的合作精神，你就知道為什麼它們能完成許多不可思議的任務。合作讓弱小的螞蟻們得到了最好的結果。如果在洪水中，每一隻螞蟻都自顧自地逃命，那麼他們全部都會死掉。當它們牢牢抱成一團共同面對災難時，大部分螞蟻的生命便得以保全。

一個小男孩在他的玩具沙箱裡玩耍。沙箱裡有他的小汽車、敞篷貨車、塑膠水桶和一把塑膠鏟子等各種玩具。小男孩在鬆軟的沙堆上修築公路和隧道時，在沙箱的中部發現一塊巨大的岩石。

小傢伙開始挖掘岩石周圍的沙子，企圖把它從泥沙中弄出去。他是個很小的小男孩，而對他來說岩石卻相當巨大。手腳並用，似乎沒有費太大的力氣，岩石便被他連推帶滾地弄到了沙箱的邊緣。不過，這時他才發現，他無法把岩石向上滾動、過沙箱邊框。

小男孩下定決心，手推、肩擠、左搖右晃，一次又一次地想進辦法移動岩石，可是，每當他剛剛覺得取得了一些進展的時候，岩石便滑脫了，重新掉進沙箱。

小男孩只得拼出吃奶的力氣猛推猛擠。但是，他得到的唯一回報便是岩石再次滾落回來，砸傷了他的手指。

最後，他傷心地哭了起來。這整個過程，男孩的父親在起居室的窗戶裡看得一清二楚。當淚珠滾過孩子的臉龐時，父親來到了跟前。

父親的話溫和而堅定：「兒子，你為什麼不用上所有的力量呢？」

垂頭喪氣的小男孩抽泣道：「我已經用盡全力了，爸爸，我已經盡力了！我用盡了我所有的力量！」

「不對，兒子，」父親親切地糾正道，「你並沒有用盡你所有的力量。你沒有請求我的幫助。」

父親彎下腰，抱起岩石，將岩石搬出了沙箱。

大家的能力各異，擅長的方面也互不相同。一些你解絕不了的問題，對別人而言或許就是輕而易舉的事情；同樣，別人解絕不了的事情對你來說也許很容易。他們，也是你的資源和力量，不要忘記了這份寶貴的資源，你可以與別人一起，共同把事情做好。

職場診療室

獨木難成林。在公司中，你和你的同事是一個團體，大家都有著共同的目標—讓自己的公司發展得更好。你們需要同舟共濟，一起成功。很多時候，你都需要團隊的合作才能達到目標。事實上，你每一天的工作都需要上級的提攜、同事夥伴的幫助，以及別人的大力配合。只有充分利用各種可以利用的資源，大家通力合作，才能一起走向成功。

守紀律，才是合格的團隊成員

在當今的社會裡，一個人再優秀、再傑出，如果僅憑自己的力量也難以取得事業上的成功，凡是能夠順利完成工作的人，必定要具有團隊精神。而只有能夠堅守團隊紀律，才是團隊中合格的一員。

你並不需要工作時處處小心謹慎，但一定要遵守企業的規程。絕對不要把生活中的壞習慣帶到工作中來，團隊的紀律是你必須要遵守的。紀律是勝

利的根本保證，紀律是每一個員工都必須遵守的。對於工作紀律，我們除了嚴格執行外，別無選擇，任何褻瀆和違背紀律的行為都將給自己帶來破壞性的後果。

1971 年，出身於美國海軍陸戰隊的越戰老兵弗雷德·史密斯開始了自己的創業歷程，他在美國田納西州的孟菲斯城，帶領著三十幾個年輕人締造了聯邦快遞 —— 然而出乎他們意料，他們締造的聯邦快遞改變了整個世界的商業模式。

從那一天起，「Fedex，使命必達」就成為每個聯邦快遞人的堅定信念。他們堅信透過自己的努力一定可以達到這個要求。四十年來，聯邦快遞人堅持自己「使命必達」的信念，不斷提升著自己的服務質量，以提供「第二天交貨」的優質服務穩坐全球快遞大王的寶座。

如果有人問聯邦快遞的員工：「能按時送達貨物嗎？」「使命必達」，他們會毫不遲疑地回答你。聯邦快遞能成為世界 500 強，穩居全球物流業第一把交椅，獨到之處就是：使命必達。而且這已經成為聯邦快遞長久堅持的核心價值觀。

在聯邦快遞公司，員工不會首先想到自己的利益，而是想到如何完成客戶給予的重託。這就需要每個員工，都嚴格遵守公司的各項紀律要求，才能讓企業這台機器，快速穩定地轉動起來。

沒有規矩，不成方圓。任何一個團體，都必須有一個大家必須共同遵守的準則。只有團隊中的每一個成員都遵守紀律，這個團隊才可能取得成功。

西點軍校非常注重對學員進行紀律訓練。為保障紀律訓練的實施，西點有一整套詳細的規章制度和懲罰措施。比如，如果學員違反軍紀軍容，校方通常懲罰他們身著軍裝，肩扛步槍，在校園內的一個院子內正步繞圈走，少則幾個小時，多則幾十個小時。關於這方面的軼事隨處可見。

　　據說，艾森豪威爾到西點不久，就因為他的自由散漫而贏得了「操場上的小雞」的頭銜。原因是艾森-豪威爾經常不得不接受懲罰，像小雞在田間來回走動一樣在操場上來回走路，只是不如小雞那樣自由罷了。

　　每個新生都要接受這樣的訓練，而且長達一年，紀律觀念由此深深地根植於西點軍校每個學員的心中。同時，隨之而來的是個人強烈的自尊心、自信心和責任感，這是讓很多人受益終身的精神和品質。

　　喬治·福第在《喬治·巴頓的集團軍》中寫道：「1943 年 3 月 6 日，巴頓臨危受命為第二軍軍長。他帶著嚴格的鐵的紀律驅車趕到第二軍，就像『摩西從阿拉特山上下來』一樣。他開著汽車轉到各個部隊，深入營區。每到一個部隊都要訓話，要求諸如領帶、護腿、鋼盔和隨身武器及每天刮鬍鬚之類的細則都要嚴格執行。巴頓由此可能成為美國歷史上最不受歡迎的指揮官。但是第二軍發生了變化，它不由自主地變成了一支頑強、具有榮譽感和戰鬥力的部隊……」

　　巴頓認為：「紀律是保持部隊戰鬥力的重要因素，也是士兵們發揮最大潛力的基本保障。所以，紀律應該是根深蒂固的，它甚至比戰鬥的激烈程度和死亡的可怕性質還要強烈。」「紀律只有一種，這就是健全而完善的紀律。假如你不執行和維護紀律，你就是潛在的殺人犯。」

　　對於艾森豪威爾和巴頓將軍來說，正是如此對待紀律，並要求部屬也做到，才成就了他們的偉大事業。

　　紀律是團隊精神的基礎。對企業和員工來說，服從紀律怎麼強調都不為過。沒有鐵一般的紀律，就沒有效率和合作，其他的一切也就無從談起。

　　當你的企業和員工都具有強烈的紀律意識，在不允許妥協的地方絕不妥協，在不需要藉口時絕不找任何藉口時，比如質量問題，比如對工作的態度等，你會猛然發現，工作因此會有一個嶄新的局面。

職場診療室

沒有規矩，不成方圓。任何一個團體，總須有一個大家必須共同遵守的準則。莎士比亞曾經說過：「紀律是達到一切宏圖的階梯。」只有團隊中的每一個成員都遵守紀律，這個團隊才可能取得成功。紀律是團隊精神的基礎。對企業和員工來說，服從紀律怎麼強調都不為過。沒有鐵一般的紀律，就沒有效率和合作，也就沒有了一切。

把自己的優勢變成團隊優勢

　　合作是人類不可或缺的生存方式，在社會分工越來越細的今天尤其如此。如果你想在社會上生存並獲得發展，你就離不開合作 —— 各種各樣的合作，只是合作的形式與合作的效率會有所差別。

　　在與別人的合作中，如何獲取雙贏是你首先要考慮的。這就要求你把自己的優勢變成團體的優勢，每個人都盡力為團隊做出更大的貢獻，團隊才能得到更好的發展。如果只惦記著自己的利益，害怕別人和自己一起進步，那麼你不但不能獲得發展和進步，就連你自己原來的那點優勢也將失去存在的價值和意義。

　　一個偶然的機會，有一位農民從外地換回了一批小麥良種，種植後產量大增。面對豐收的糧食，這個農民喜出望外，但馬上又變得憂心忡忡。因為他害怕別人知道並且也種上這種小麥，那麼他的那份驕傲和優勢就會蕩然無存。於是，他想盡各種辦法保守自己的祕密，哪怕是對自己的鄰居也是如此。

　　然而好景不長，到了第 3 年他就發現，他的良種不良了，到後來甚至連原來的種子也不如了，產量銳減、病蟲害增加，他因此蒙受了很大的損失。

而他的鄰居也對這個現象莫名其妙,想不出什麼辦法來幫忙。這個農民捧著自己的良種百思不得其解,無奈之下,他只好跑到城裡去請教農科院的專家。專家聽他講完自己的經歷,告訴他:良種田的周圍都是普通的麥田,透過花粉的相互傳播,良種發生了變異,品質必然下降。

每個人都處在一個大的環境中,所以你不得不考慮你周圍的人。你要學會與他們分享,大家共同進步。相比於上面那位農民,麻雀的做法就聰明多了。

在 1930 年代,英國送奶公司送到訂戶門口的牛奶,既不用蓋子也不封口,因此麻雀和紅襟鳥可以很容易地喝到凝固在奶瓶上層的奶油皮。

後來,牛奶公司把奶瓶口用錫箔紙封起來,想防止鳥兒偷食。沒想到 20 年後,英國的麻雀都學會了用嘴把奶瓶的錫箔紙啄開,繼續吃它們喜愛的奶油皮。然而,同樣是 20 年,紅襟鳥卻一直沒學會這種方法。

原來,麻雀是群居的鳥類,常常一起行動,當某只麻雀發現了啄破錫箔紙的方法,就可以教會別的麻雀。而紅襟鳥則喜歡獨居,它們圈地為主,溝通僅止於求偶和對侵犯者的驅逐,因此,就算有某只紅襟鳥發現錫箔紙可以被啄破,其它的鳥也無法知曉。

也許我們可以從中悟出一些道理。無論是團隊還是個體,最重要的精神就是學會合作。每個人的能力和資源都是有限的,但如果每個人都把自己的優勢貢獻出來,和團隊中的其他成員一起分享,把每個人的長處都疊加起來,那麼這支團隊的力量就是難以想像的。其實,這也就是人們常說的「1+1大於 2」的道理。

假如你有機會潛入深海,會看見很多奇異的畫面,其中之一就是看到一些兇猛的大魚停在一種金黃色的小魚面前,平靜地張開了魚鰭,一動也不動,小魚見了,便毫不猶豫地迎上前去,緊貼著大魚的身體,用尖嘴東啄啄

西啄啄，甚至將半截身子鑽入大魚的鰓蓋。這一現象並不是偶然的。其實，小魚是「水晶宮」裡的「大夫」，它是在為大魚治病。

隆頭魚身長只有三四釐米，這種小魚色彩豔麗，游動時就像一條飄動的綵帶。魚「大夫」喜歡在珊瑚礁中或海草叢生的地方游來游去，那是它們開設的「流動醫院」。棲息在珊瑚礁中的各種魚類，一見到隆頭魚就會游過去，把它團團圍住。甚至可能出現幾十條魚圍住了一條隆頭魚「求醫」的現象。

解剖隆頭魚，會發現它的胃裡面裝滿了各種寄生蟲、小蝦以及腐爛的魚皮。這就是一種自然界神奇的「合作」關係：魚「大夫」用尖嘴為大魚清除傷口的壞死組織，吃掉魚鱗、魚鰭和魚鰓上的寄生蟲，這些臟東西又成了魚「大夫」的美味佳餚。

這種合作對雙方都很有好處，生物學上將這種現象稱為「共生」。

《禮記》早就說過「獨學而無友，則孤陋而寡聞」。分享工作中的失敗與成功的體驗，把個人獨立思考的成果轉化為大家共有的成果。在分享中，可以同時以群體智慧來處理個人遇到的難題，以群體智慧來解決工作和學習上遇到的困難，這樣既培養了人與人之間相互合作的精神，又促進了大家共同的學習和進步。

因此，學會與團隊夥伴分享自己的優勢，會為自己打開更廣闊的天地，這樣你才能不斷解除身上的枷鎖，不斷地充實自我，去取得更大的進步。

職場診療室

在合作中，最佳的結果便是雙贏──這就要求每個人都要把自己的優勢變成團體的優勢，每個人都盡力為團隊做出更大的貢獻。只有這樣，團隊才能得到更好的發展。如果只惦記著自己的利益，害怕別人和自己一起進步，那麼不但你不能再進步，往往你自己原來的那點優勢也保不住。

不做團隊中的「弱點」

管理學中有一個著名的「木桶理論」：木桶的主要作用是用來盛水；一個由多塊木板構成的木桶，其價值在於其盛水量的多少；但真正決定木桶盛水量多少的關鍵因素不是其最長的木板，而是其最短的木板。對於一隻桶壁參差不齊的木桶來說，其中的某一塊木板或者幾塊木板再高都沒有用，突出的木板一樣不能盛水，反而是最短的那塊木板制約著木桶的盛水量。這塊弱點本身是有用的，只是因為「發展」得沒有其他木板那麼好，個體的落後就影響了整體的實力。

很多管理學的學者都在研究解決如何把企業最短的那塊木板變長。例如，企業的生產能力、研發能力比較突出，是長板；而企業的銷售能力相對較差，造成產品積壓，那麼銷售能力就成為弱點。這時，管理專家就要考慮如何解決銷售問題。或者，企業銷售不錯，但擴大生產所需資金是企業發展的軟肋，成為弱點，那麼企業上上下下就會著圍繞著解決資金問題而努力……

在大學裡，你一定遇到過評獎學金的時刻。比如要求每門功課都在 80 分以上才有資格參評，如果你其他的科目都在 90 分以上，只有一門功課的成績

是 79 分，那麼你同樣沒有資格參加評選。79 分的那門功課就是你的「弱點」。

在團隊中，每個成員都要盡量不做「弱點」，不要因為自己的因素影響整體的成績。整體的素養要想得到提高，必須是每個成員的素養都得到了提高，尤其是那些「弱點」。

有個子公司向總公司申請調兵前來協助完成某項任務，正巧董事長最近對一位員工頗有微詞，因為那個員工業績表現不佳，明明能夠做得更好卻不努力。這樣消極的態度又影響了團隊中的其他人，導致整個團隊效率不高。於是董事長決定把這個員工派下去，接受一下考驗，也吃一點苦頭，多獲取一些進取心。

臨走之前，董事長對那個員工說：「你要知道，我是相信你才派你去的。你到子公司去鍛鍊，代表的是整個集團公司的形象，千萬不要給我丟臉！」

這位員工很高興，覺得在自己的公司呆得太久，總是有各種各樣的上司、能人壓得自己喘不過氣，所以才形成了消極的工作態度。好不容易有了一個施展拳腳的機會，一定要好好表現。於是他在子公司裡表現得非常出色，當然也吃了不少苦頭。更難能可貴的是，他還發現了自己以前工作中的諸多問題，知道自己應該怎麼改正。三個月借調期過後，他回到總部，彷彿脫胎換骨一般，團隊的效率一下子提高了很多。

任何時候，那塊最短的木板都會阻礙整體的發展，是影響整體成績的最重要因素。如果你不幸正好成了那塊「弱點」，也不要自拋自棄，你完全可以透過有針對性的學習，把自己的弱點變成長板。

一次極限運動比賽，參加運動的大多是一些身強體壯的年輕人，其中很顯眼的是一個柔弱的小女孩。開始比賽的時候，這些彼此陌生的人要組成團隊一起參加。大家都不願意跟這個小女孩一組，怕她拖大家的後腿，影響整體的成績。最後，只有一個小組收留了這個小女孩。

比賽中，各個項目都很刺激驚險，但小女孩都咬牙堅持下來了。終於到了最後一關，穿越一條湍急的河流，河流上只有一條搖搖晃晃的木板，很多年輕人都放棄了。大家以為這位小女孩肯定堅持不了了。確實，這時候小女孩已經臉色發白了。但是出乎大家的意料，小女孩閉上眼睛吸了口氣，踏上了那塊木板！大家都為小女孩的勇氣鼓掌。雖然滿頭大汗，但小女孩終於完成任務了。她微笑著說：「我只是不想辜負大家的信任，不想扯大家的後腿。」

能夠做好自己的工作，是每個職員要恪守的準則。各行各業，人類活動的每一個領域，無不在呼喚能自主做好手中工作的員工。齊格勒說：「如果你能夠盡到自己的本分，盡力完成自己應該做的事情，那麼總有一天，你能夠隨心所欲從事自己想要做的事情。」反之，如果你凡事得過且過，從不努力把自己的工作做好，那麼對這種類型的人，任何老闆都會毫不猶豫地把他排斥在自己的重用之外。

在團隊工作中，你也同樣要認真負責地擔負起自己那份工作，盡職盡責地完成。如果你肯努力，那麼在大家的幫助下，沒有不可以完成的工作。

要想不做團隊中的「弱點」，你還要不斷地追求進步，不斷發現自身的弱點，或是性格方面，或是技能方面，或是……之後，填平補齊，增益己所不能。

職場診療室

做好自己的工作，是每個職員要恪守的準則。在團隊中，每個成員都要盡力不做「弱點」，不要因為自己的因素影響整體的成績。整體的素養要想得到提高，必須是每個成員的素養都得到了提高，尤其是那些「弱點」。

讓潛能在合作中釋放

精誠合作、集思廣益是人類最偉大的智慧之一，它不僅可以創造奇蹟，開闢前所未有的新的天地，還能激發人的潛能，即使面對人生再大的挑戰也不足畏懼。個人的知識、經驗、能力和精力總是有限的，靠單打獨鬥，你永遠不可能取得成功；只有與別人合作，實現資源共享和優勢互補，才能讓你達到事半功倍的做事效率。

米歇爾是一位青年演員，英俊瀟灑，很有表演天賦。剛開始加入演藝圈的時候，他只是扮演一些小配角，隨著表演水準的日趨提高，米歇爾漸漸在螢幕上擔綱主要角色。從職業發展上看，他需要有人為他包裝和宣傳以擴大名聲。因此，他需要一個公關公司為他在各種報紙雜誌上刊登他的照片和有關他的文章，以提高他的知名度。

不過，要成立這樣的公司，需要拿出很多錢來聘用高級僱員以及支付其他開銷，但米歇爾拿不出這麼多錢。一次偶然的機會，他遇上了莉莎，她的出現使米歇爾所有的問題都迎刃而解。

莉莎在紐約擁有一家公關公司，她與米歇爾相遇的時候，在業內的名氣並不大，一些比較出名的演員、歌手都不願意與莉莎合作，她的生意夥伴主要是一些小買賣和零售商店。米歇爾與莉莎倆人一拍即合，合作了起來。米歇爾成為她的包裝對象，而她則成為米歇爾的廣告代理人，並為他提供出頭露面所需的資金。

他們的合作很快達到了最佳境界，米歇爾是一名英俊的演員，並正在當時熱播的電視劇中出現，莉莎便讓一些較有影響的報紙和雜誌把眼睛盯在他身上。這樣一來，她自己的公關公司也因此變得非常有名氣，並很快為一些社會名流提供社交娛樂服務，他們付給她很高的報酬；而米歇爾不僅不必為

提高自己的知名度花大筆的錢，而且隨著名氣的提高，也使自己的演藝事業開始走向巔峰。

米歇爾需要求助於莉莎，獲得為自己做宣傳的費用；莉莎為了在她的業務中吸引名人，需要米歇爾作為自己的代言人。透過他們的合作，他們互相滿足了對方的需要。這個原則，你同樣可運用於日常工作中。

你的能力需要證明，別人也是如此。大家一起合作，便能讓彼此的能力都得到發揮，何樂而不為呢？

凱文是美國友邦保險的一名業務人員。在凱文的工作中，曾有一段時間公司的業務量呈現逐月下滑的趨勢。業務量下降，就意味著公司的效益有所下降，更直接地說，應該是員工的薪水有所下降。而正在此時，業務部門的主管又因為某種原因辭職了，而部門主管的職位一時還沒有合適的人選。

面對這種形勢，絕大多數的業務人員都感到沒有幹勁，每天工作也不夠積極，拉保單也缺乏熱情。凱文看到這種情況後覺得，如果再這樣下去，不僅員工會成為一盤散沙，公司的效益也會受到更大的影響。於是凱文自告奮勇地與業務部門的同事們進行交流，和同事們一起分析利害關係，並想方設法鼓勵同事們振作精神，努力工作。

凱文對他的同事們說：「我們既然是友邦的員工，就不應該因為目前狀況不盡如人意而一蹶不振，更不能因為沒有主管的領導而成為一盤散沙。我們應該相信，只要我們努力，就一定可以提高業績。而且，公司也一定會儘快給我們安排一名合適的主管。」

在他的不斷鼓勵下，大家的積極性被激發出來了。從那後，業務人員每天又能如從前一樣積極熱情地工作了，甚至比以前更努力，而且包括凱文在內的員工業績也有了明顯的上升。

經理知道這件事後，對凱文的領導能力大為欣賞，而且凱文的業績水平

一直都很高，與同事相處也非常融洽，同事們有什麼事都喜歡找凱文商量。很快，凱文就收到了被提升為業務部主管的通知。

像凱文這樣的經歷在商業界並不少見。為什麼他能夠得以晉升為管理層，是因為首先他具有領導團隊的能力。在任何社會或組織中要升到領導位置並非易事，只有那些準備充分的人才能升到領導職位，然後穩步前進，達到頂峰。

公元前450年，古希臘歷史學家希羅多德來到埃及。在奧博斯城的鱷魚神廟，他發現大理石水池中的鱷魚在飽食後常常張著大嘴，聽憑一種灰色的小鳥在嘴裡啄食剔牙。這位歷史學家感到非常驚訝，他在自己的日記中寫道：「所有的鳥獸都避開兇殘的鱷魚，只有這種小鳥卻能同鱷魚友好相處，鱷魚從不傷害這種小鳥，因為它需要小鳥的幫助。鱷魚離水上岸後，張開大嘴，讓這種小鳥飛到它的嘴裡去吃水蛭等小動物，這使鱷魚感到很舒服。」

這種灰色的小鳥叫「燕千鳥」，又稱「鱷魚鳥」或「牙籤鳥」，它在鱷魚的「血盆大口」中尋覓水蛭、蒼蠅和食物殘屑。有時候，燕千鳥乾脆在鱷魚棲居地宿營，好像在為鱷魚站崗放哨，一有風吹草動，它們便一哄而散，使鱷魚驚醒過來，做好迎敵準備。

在鱷魚身上，這種小鳥的價值得到了最大限度的體現。否則，它只是一種到處覓食的小鳥而已，不可能引起人類的關注。而鱷魚，在為小鳥提供食物的同時，也使得自己的口腔得到了清潔。毫無疑問，這是一種雙贏的局面。

在與別人的合作中，充分發揮自己的潛能，不僅可以給整個團隊帶來利益，也會使自身的價值得到證明。現代社會充滿競爭，對於每一位身在職場的人士來說，在應對競爭的同時，必須具備合作共贏的意識，才能在職場上立足，並取得成功。

職場診療室

精誠合作、集思廣益是人類最了不起的能耐，它不僅可以創造奇蹟，開闢前所未有的新的天地，也能激發人類最大潛能，即使面對人生再大的挑戰都不會恐懼。在與別人的合作中，充分發揮自己的潛能，不僅可以給整個團隊帶來收益，也會使自身的價值得到證明。

第九章
會議是個競技場：在大眾面前要充分展示自己

天才是由於對事業的熱愛感而發展起來的，簡直可以說，天才就其本質而論，只不過是對事業、對工作過程的熱愛而已。

—— 高爾基

如果你表現得「好像」對自己的工作感興趣，那一點表現就會使你的興趣變得真實，還會減少你的疲憊、你的緊張，以及你的憂慮。

—— 戴爾 ・卡內基

你還在笑話愛出風頭的人嗎？

在現代職場中，默默無聞、埋頭苦幹而無重大業績的人，往往得不到重用。現代人不僅要會做事，而且還要會「表現」自己，才有機會脫穎而出。

在實力相差甚小的上班一族中，不要一味追求幸運，期望上司會慧眼識英雄，你應該以靈敏的反應認清形勢，爭取機會表現才幹。而那些能夠適時表現自己的員工也如同孔雀一樣，懂得展示出自身傲人的資本，從而很好地吸引人們的眼球，贏得應有的關注。

「世有伯樂，然後有千里馬」，一匹千里馬如果能遇到伯樂就是十分幸運的。但「千里馬常有，而伯樂不常有」，這就告訴我們應該善於表現自己。

人有一定的能力，還得找個地方表現出來，這樣才能得到別人的賞識和肯定。找機會適當的表現自己的能力，不是驕傲自大，也不是譁眾取寵，而是更好生存的一種需要。因為人的能力只能用事實來證明，從而體現出自己的價值來。

做一個有聲音的人

亞特蘭大的柯爾曼在 IBM 工作了 11 年，其中有一半時間是從事管理方面的工作。後來他又擔任了美國電報電話公司、可口可樂公司、智囊以及默克等公司的管理顧問。柯爾曼根據他在多家大公司的所見所聞，將影響人們事業成功與否的因素作了如下劃分：工作表現只占 10%，給人的印象占 30%，而在公司內曝光機會的多少則占 60%。柯爾曼認為，在當今這個時代，工作表現好的人太多了，工作做得好也許可以獲得加薪，但並不意味著能夠獲得晉升的機會。他發現，晉升的關鍵乃在於有多少人知道你的存在和你工作的內容，以及這些知道你的人在公司中的地位影響力有多大。

　　這個說法可靠嗎？辛辛那提的管理顧問傑森也給出了同樣的意見：「許多人以為只要自己努力工作，上司就一定會拉自己一把，給自己出頭的機會。這些人自以為真才實學就是一切，所以對提高個人知名度很不經心，但如果他們真的想有所作為，我建議他們還是應該學學如何吸引眾人的目光。」

　　的確，很多人以為只要努力工作，上司就會拉自己一把，讓自己有出頭的機會──這就是他們遲遲沒有獲得晉升的結癥所在！多年以來，這個思維黑洞吞沒了大量的優秀人才，令他們的才能得不到最大限度的發揮和利用。

　　當你數年如一日，全力以赴地投入工作，結果卻突然發現，儘管自己累得半死，別人好像熟視無睹，尤其是上司，似乎從未當面誇獎過你。這時，你可能怨天尤人，滿腹牢騷。但你一定要懂得，這不完全是上司的過錯。你試想一下，公司上上下下，裡裡外外，有多少人要上司操心過問，你的「被忽略」其實很正常，因此，你得做個「有聲音的人」。

　　要想在公司裡出人頭地，就必須引起上司的注意，巧妙地使用技巧使自己成為引人注目的焦點。也就是說，你要懂得如何去「曝光」自己！

　　如果你現在認同了引人注意的重要性，你可能會想：「像我這樣的人不知道是不是可以吸引上司的注意呢？」答案是肯定的。但是，要抓住問題的實質。在公司裡，上司決定一切。所以，問題的關鍵是讓上司注意你，不過你一定要注意方式和技巧，這是非常重要的，否則會適得其反。

　　另外，在產業的知名度也是你能夠獲得晉升的重要因素。正在成長的企業能帶給你許多機會，朋友與顧客、同事、同行間也會有人帶給你機會。此外，在許多人看得到的地方工作，機會更多。但問題是，你不但要置身於機會當中，還需要看準時機伸手去抓才成。

　　隨著你工作年齡的增長，和你利害相關的人也在增加，這些人與你的目標大致相同，所以可以攜手共同向前邁進。通常，所關心的事物在變化時，

你所交的朋友也會隨之變化；完成一件事後，與之有關的友誼便宣告結束。但是，你應繼續與這些人保持聯絡，姑且不論是否會帶來好處，畢竟友誼得來不易，因此你要好好珍惜。在與老朋友保持聯絡的同時，你還必須多與大眾接觸，擴大交友範圍。知道你的人愈多，對你愈有利，因為往往在這些人中存在著能為你敲開成功大門的人。想要擴大自己的知名度，增加自己的影響力就要走出去，多多參加對外的交際活動，如參與業務報告、同業會議、專業研討會，或發表研究文章等都可製造「出聲音」的機會。

　　當然，不要忘了，你做的這一切，目的只有一個，那就是使自己成為焦點，讓大眾和上司了解自己、信任自己、支持自己。

> **職場診療室**
>
> 在當今這個時代，工作表現好的人太多了，所以你要懂得如何去「曝光」自己。工作做得好也許可以獲得加薪，但並不意味著能夠獲得晉升的機會。晉升的一個重要前提是有多少人知道你的存在和你工作的內容，以及這些知道你的人在公司中的地位和影響力有多大。總而言之，要想在公司裡出人頭地，就必須引起上司的注意，巧妙地使用技巧使自己成為引人注目的焦點。

「劍」要亮得自然

　　成功人士的一個共同特點就是他們從不過分地誇耀自己的功績，而是讓其自然地流露。在職場裡行走的人們也應如此，既要善於表現，又不矯揉造作。所以，在你向上司報告工作進程時，應當說：「我做了某事……還望您多多指點。」這樣一來，好像是在聽取上司的指點，而實際上你已經表現了自己，又充分體現了謙虛的美德。同樣的話，從不同的人嘴裡說出來的效果是

不一樣的。在你向上司表現的這個過程中，確實是需要一定技巧的。

妮作為公司中層管理人員被送去參加一項實驗：練習提高「亮劍」的技巧，學習用不過於積極或刻意的方式來「自吹自擂」，這可不是一項簡單的培訓 —— 這位小姐工作認真，人很聰明，但跟許多人一樣，剛開始她並不了解如何表現自己。她在業務部工作，做生意通常是靠經年累月積累的良好的客戶關係。她在前一個工作職位上做了好幾年，那段時間，她的薪水優厚，上司與同事都很喜歡她，但她並沒有因此而平步青雲。

她在新公司工作約兩個月後，培訓老師到她的辦公室找她，剛好有一份傳真進來，傳真上說，她花了兩個星期爭取的一筆業務成交了。她嘆了口氣說，要是傳真早 5 分鐘來就好了 —— 剛才公司副總經理在她的辦公室裡聊天，閒談中剛好提到這個客戶和那筆生意。培訓老師建議她趕緊去副總辦公室報喜。起初她並不願意，說寫個便條就可以了，老師建議她趁熱打鐵，顯示自己的功勞，不過要假裝不經意地提起這個巧合，「我們剛談完，我就成交了這筆生意！」

最後她還是同意了，結果副總非常高興，建議她告訴公司的公關部門，好讓公司同仁知道這筆進帳 —— 他也是此中高手，能牢牢把握每一個增加自己部門正面曝光的機會。

其實，一旦有機會，每個人都可以用一種間接、自然的方式表彰自己的功勞。若是不習慣自我推銷，也可請別人從客觀的角度助一臂之力。你會發覺，不露痕跡地讓人注意到你的才幹及成就，比敲鑼打鼓地自誇效果更好。

另外，還要懂得利用人性的弱點「亮劍」，讓同事、助理，總之是讓愛竊竊私語的人助你扶搖直上、平步青雲，因為這就等於間接地炫耀你的成就。但切忌吹牛，萬一被戳穿了便會「千年道行一朝喪盡」。你只須播下種子，他們就會盡力、高效傳播開去。下面介紹的幾種方法，都是比較不錯的選擇。

第九章　會議是個競技場：在大眾面前要充分展示自己

一、讓同事知道你一直是職場獵頭關注的對象

這就如男女關係一樣：「瘦田沒『牛』耕，耕開有『牛』爭。」如果你被另一家公司垂青，身價自然倍升，你只須對你的同事簡單地說：「我接到某某獵頭公司某先生的電話，你認識他嗎？」對方自然會問你一些細節。假若沒有其他公司向你垂青又怎樣辦？那你可盡量增加與其他公司的朋友或工作夥伴約會。就算只是吃午餐，也別忘記作悉心的打扮，這樣便像是「獵頭」的對象了。

二、讓同事覺得你認識很多權威人士

你如果希望在產業內扶搖直上，你就應了解職場的高層，以及這產業來自世界各地的權威人士。

讓你了解他們，並不代表讓你去跟這些重要人物約會，你可以透過多種渠道了解他們的近況，比如看看雜誌，關於他的專題採訪等等，這樣可以使自己儘快地熟悉他們。然後就可以與你的同事提及這些重要人物的背景和軼事，在適當的時機便可接觸這些人物，別忘記把握讚賞主管的機會。在旁人眼中，是不易分辨你和這些重要人物的關係是否密切的，最重要的是你與重要人物的名字扯在一起，成為辦公室中的話題。

當然，你要懂得挑選合適的時機和使用恰當的語言，如果你時常提及的與那些重要人物的關係被你身邊的人識破，會讓同事們覺得你很虛偽、招人嫌惡。所以要注意讓你身邊的人覺得你是謙虛的，例如指出能和某某先生合作真是幸運，並能從他身上學到很多東西。當編輯的小芬就曾在一次面試時提及她與著名的某某編輯共事過，令她學到很多寶貴的經驗。而事實上，她只是實習編輯，與某某編輯的共同工作只是跟他見過一面而已，但就是因為小芬有與某某著名編輯共同工作的經歷而被錄用。

三、讓同事覺得你是多才多藝的人

當別人知道你有多方面的才藝，他們會覺得你是一個全能型的人才，例如在美術、運動、社會服務等方面的表現可塑造你的形象：創造力豐富、專注和有愛心。

25 歲的行政助理家齊在書法方面的造詣為他的職業發展帶來了不小的機會。有一次，當他的上司接到公司總部舉行書法比賽的通知，而正愁沒有合適的人選時，家齊的出現為上司解了燃眉之急。這件事情讓這位主管對家齊大為讚賞。

每個人的興趣愛好都會有所不同，你完全可以將你的才藝展示於辦公室，以引起其他人的注意。如果你夠幸運的話，這可能是公司高層與你展開對話的機會。謹記同事可能會要求你當場表演，這就要求你必須提前做好心理準備了。

職場診療室

身在職場，要學會表現自己。成功人士的一個共同特點就是他們從不過分地誇耀自己的功績，而是讓其自然地流露。在職場裡行走的人也應如此，既要善於表現，又不矯揉造作。你若是不習慣自我推銷，也可請別人從客觀的角度助一臂之力。一般來說，不露痕跡地讓人注意到你的才幹及成就，比敲鑼打鼓地自誇效果更好。

做圈子裡的活躍人物

在職場的人際交往中，人們希望出現令人愉悅的場面，而能夠製造歡樂氣氛的人則更受歡迎。以下方法可幫助你成為圈子裡的活躍人物。

第九章　會議是個競技場：在大眾面前要充分展示自己

一、誇張的讚美

老客戶、新同事見面後，不免要寒暄問候一番，這是個極好的活躍氣氛的機會。借此發表一番「外交辭令」，把每個人的才能、成就、天賦、地位、特長等作一種誇張式的炫耀與渲染，這可使朋友們感到自己深深地為你所了解、所傾慕。尤其是利用這種方式把朋友推薦給第三者，誰也不會去計較其真實性，但你卻張揚了朋友們最喜歡被張揚的內容。這種把人抬得極高，但沒有虛偽、奉承之感的介紹，會立即使整個氣氛變得異常活躍。

二、引發共鳴感

客戶、同事相聚，最忌一個人唱獨角戲，大家當聽眾。成功的社交應是眾人暢所欲言，各自都表現出最佳的才能，作出最精彩的表演。為達到這一目的，就必須尋找能引起大家最廣泛共鳴的內容。有共同的感受，彼此間才會各抒己見，仁者見仁，智者見智，氣氛才會熱烈。所以，你若是社交活動的主持人，一定要把活動的內容同參加者的好惡、最關心的話題、最擅長的拿手好戲等因素串聯起來，以免出現冷場。

三、有魅力的惡作劇

善意地有分寸取笑朋友並不是壞事，雙方自由自在地嬉戲，超脫習慣、道德，遠離規則的界限，享受不受束縛的「自由」和解除規則的「輕鬆」，是極為愜意的樂事。惡作劇有時會造成出人意料的效果，它起於幽默，結果是歡笑。人們在捧腹大笑之際，會深深地感謝那個聰明的快樂製造者。

四、寓莊於諧

商務社交中需要莊重，但自始至終保持莊重氣氛就會顯得過於緊張。寓

莊於諧的交談方式比較自由，在許多場合都可以使用。用風趣、詼諧的語言同樣可以表達重要的內容。

五、提出荒謬的問題並巧妙應答

生活中，總是一本正經的人會給人古板、單調、乏味的感覺。交談中，不時穿插一些朋友們意想不到的、貌似荒謬而實則極有意義的問題，是很好的一種活躍氣氛的方法。也許會有人時常問你一些荒謬的問題，如果你直斥對方荒謬，或不屑一顧，不僅會破壞交談氣氛、人際關係，而且會被人認為缺乏幽默感。

學會提出引人發笑的荒謬問題並能巧妙應答，有助於良好社交氣氛的形成。

六、帶些「小道具」

初次相聚，也許因為打不開局面而陷於窘境，也許在中間出現冷場。這時，你隨身攜帶的小道具便可發揮作用。一個精緻的鑰匙圈可能引發一大堆話題；再如一把扇子，既可用作遮陽，又可題詩作畫，也可喚起大家特殊的興趣。所以說，小道具的妙用不可小瞧。

七、製造一些無傷大雅的小漏洞

漏洞是懸念，是「包袱」，製造它，會使人特別關注你的所作所為，精力集中，全神貫注。待你抖開「包袱」之後，人們見是一場虛驚，都會付之一笑。

八、適當貶抑自己

自我貶低、自我解嘲，這種戰術是最高明的。往往老練而自信的人才會

採取這種方式。貶抑會收到欲揚先抑、欲擒先縱的效果。眾人將在哄笑聲中重新把你抬得很高。自我貶抑既可活躍氣氛，又能博得他人好感。

九、故意暴露一下「缺點」

你可以偶爾故作滑稽，或擺出一副大大咧咧、衣冠不整的樣子，或莽撞調皮、佯裝醉漢，擺出一副滿不在乎的神情。這些「缺點」，平素在你身上不常見，人們突然觀察到這種變化，會有一種特殊的新鮮感，你收得攏、放得開的舉止會令人捧腹大笑，使大家對你刮目相看。

十、不妨「傷害」一下對方

經驗證明，彼此畢恭畢敬未必就沒有矛盾，而平日吵吵鬧鬧的夫妻可能會更親熱。朋友間也是如此，若心無芥蒂、毫無隔閡，開句玩笑，貶低一番對方，互相攻擊幾句，打幾拳、給兩腳，並不是壞事，反倒顯得親密無間。社交中，心無戒備、偏見、不帶惡意的攻擊與傷害，會使朋友、同事之間更加無拘無束。詼諧、戲謔中的「君子風度」，最能活躍氣氛。

當然，若要商務社交的氣氛理想，除在形式上做文章外，最主要的還是內容的新穎、別緻。內容本身充滿活力，活動才會活潑、歡快。

職場診療室

你希望周圍的人喜歡你，你希望自己的觀點被人接納，你渴望聽到真心的讚美，你希望別人重視你，那你就要使自己成為交際圈裡的「明星」。充分照顧別人的感受，別人就會樂於同你交往，適當地降低自己的姿態，你就能贏得更多的朋友。你要抓住每一個交友的機會，才能朋友遍天下。

主持會議的八大準則

很多人都認為，會議只不過是一種形式而已，主持會議很容易。其實，這是一種誤解。要真正主持好會議，充分調動與會者的積極性，達到預期效果，並不是件容易的事情。

主持者是會議的「舵手」，要隨時把握、駕馭好會議之舟，啟發引導大家，始終遵循會議既定的議題、日程，進行充分地研討，才能如期達到預想的目的。這就要求主持者必須使與會者充分了解議題。開始就要講明會議共有哪些議題，怎麼個開法，有哪些要求，與會者要承擔什麼任務等諸多環節，無論哪個環節處理不好，都會影響會議的效果。有效地主持好會議，是主持者說話水平的一個重要體現，也是作為管理者的一項基本功。

在會議中，哪一項應由與會者在會上做出決定；哪一項只需聽一聽與會者的意見，以便進一步補充；哪一項只是告知性地打打招呼，介紹一下情況，暫不討論；哪一項與會者必須和上級保持一致，只研究怎麼協調行動等等。而要與會人聽得明白，那麼，會議的主持者就必須講得清楚，把會議的目的、要求、內容諸項一一交待給大家。層次要清晰，邏輯要嚴密，表達要準確，中心要突出。切不可主次不分，輕重不分，內容龐雜，使聽者不知所云，無所遵循。因此，要做好工作會議的主持，主持者需注意做到以下幾點：

一、會議要準時開始

這是會議主持人最明白的一條原則，而由於種種原因，又是難於貫徹的一條。人們由於缺乏會議意識，有的是覺得會議不重要，九點通知十點到；有的是為了顯示身分，有人為了與眾不同，故意姍姍來遲。在這種情況下，主管應以身作則，這樣才能使會議有個良好的開端，也是提高會議效率的第一步。

二、聲音洪亮，語調多變

主持者在會議上講話，要讓自己說出的每個字、每句話都傳到與會者的耳朵裡，這是最為基本的要求。我們說話的聲音洪亮，不光是指音量，還包括說話應該有力度，吐字清晰，節奏感強，能在聲音中表現出自信以及戰鬥的力量。如果聲音有氣無力，語調平鋪直敘，就顯得缺乏活力。主持者要透過語調的變化，表達出豐富的思想情感和觀點，使與會者在思想情感上產生一種共鳴，使自己的講話有較強的感染力、震撼力。莊重、嚴肅的會議，要求語調平緩、穩重；歡快、輕鬆的會議，要求語調輕快、隨意。

三、盡量讓每個與會者都發言

主持人應盡量讓每個人都參加討論，參與決策。如果你知道某個與會者喜歡發表會後議論，就設法讓他在會上發言，明確表態。這樣，會後他就不能再說不同意了，從而避免再花時間開會討論同樣的話題。

開會時私下交談只會引起衝突和混亂。主持會議者不能允許任何人把會議分裂成一個個小組討論會。應使所有與會者都能聽到每個人的發言。如果竊竊私語者繼續存在，可以把大家的注意力引到他身上，和藹地請他把所講的告訴大家。

四、應付意見分歧

對意見分歧不要視而不見，也不要設法迴避。承認分歧，並提請與會者注意。把分歧意見公佈於眾，供與會者進行明智的選擇。可以問爭論的雙方：「你到底站在哪一方？」然後再問：「你為什麼採取那個立場？」最後問：「你建議我們應做些什麼？」這樣，他們堅持自己觀點的激烈程度就會減弱。

五、防止「冷場」

一旦發現要出現「冷場」，主持人應立即用評論、提問或解釋的方法，鼓勵大家繼續討論。與會者發表的意見逐步減少，通常意味著他們對所討論問題的緊迫感也隨之下降。

六、經常歸納提醒

開會時往往有這種情況：有時大家意見比較集中，而會議主持人卻不能及時總結，提請大家轉入另一項議題，從而出現冷場，拖延會議時間；有時在徵求大家意見時，有的人一聲不吭，有的人·來覆去，談不到點子上，越扯越遠；也有時人們爭論不休，互不服氣。

歸納總結是向大家報告會議進展情況的一種技巧。主持人可以把分歧意見進行歸納，以提請與會者注意。否則，不同意見會在討論中被忽視。如果到會議結束時才冒出來，會使所有與會者感到沮喪。

七、把握說話的分量和分寸

語言的分量是由詞義和態度兩個因素構成的。詞義是指語言的本意，態度是指表達時所流露出來的表情或情緒。比如，主持會議的主管，要批評下級人員的工作差錯或較大的失誤，這裡就有個分量問題。如果是個別的、一般性的差錯，而批評的分量過重，未免有小題大作之嫌。本人不服氣，其他人也會覺得有些過分。如果是較大失誤，而批評分量過輕，既達不到教育本人的目的，又會給其他與會者一種袒護當事人、文過飾非之感，不能使聞者足戒。這也是「度」的一種要求。

當然，不做具體分析，以理服人，而是無限上綱，亂扯一通，也不會有好效果。因此，根據問題的性質、程度，在講的時候，就有一個輕重之間怎

樣才算適宜的分寸問題。

分寸是衡量語言分量的尺度。要把握好分寸，一是注意用詞上的差別，二是注意態度和語調的區別。指出問題的嚴重性，進行嚴肅的批評，不一定非要高門大嗓、聲色俱厲不可。語言尖刻，態度粗暴，甚至出口傷人，以挖苦、諷刺、嘲笑人為快事，必定造成對方的反感和牴觸，不利於問題的解決，也不利於團結。

八、會議要適時而止

會議議程一經公佈，就不要再做更改，對每個議題的討論也要盡量控制在規定的時間內。如果會議時間被拖延，主持人要立即採取行動，予以制止。同時，主持人應明確告訴與會者，要在規定的時間內開完會。此舉最得人心。

職場診療室

會議提供了公司內外各種人士當面溝通交流的機會，也是實施企業內部管理以及與其他企業開展合作的重要工具。因此，會議口才特別是主持會議的藝術，就成為很多企業經理人、機關領導人特別感興趣的一個話題。

一次會議的成功召開，離不開好的主持人。會議主持者對於組織會議召開、把握會議主題、控制會議進程、調動與會者情緒、正確引導討論問題、掌握會議時間、提高會議質量具有舉足輕重的作用。同一個會議由不同的人來主持，其效果會大不一樣。

如何在談判中實現雙贏

在商場上，所有的競爭和合作都是透過談判的方式來實現；在職場上，勞資雙方的契約關係也是透過談判得以建立。雖然談判的雙方不是敵對的關係，但是也並非不存在利益的衝突和矛盾。

在沒有任何技巧與原則的談判中，人們往往會陷入難以自拔的境地，要麼談判陷入僵局，要麼雙方在達成協議後總覺得目標都沒有達到，或者談判一方總有吃虧的感覺。

那麼我們如何才能在談判中實現雙贏呢？你可以借鑑下面三個步驟。

第一階段：申明價值

此階段為談判的初級階段。談判雙方彼此應充分溝通各自的利益需要，申明能夠滿足對方需要的方法與優勢所在。在此階段的關鍵步驟是弄清對方的真正需求，因此其主要的技巧就是多向對方提出問題，探詢對方的實際需要。與此同時，也要根據情況申明己方的利益所在。

只有談判雙方都充分了解各自的真實需求，才能使談判朝著正確的方向進行。那種在談判過程中迷惑對方，讓對方不知道你的真正要求和利益所在，甚至想方設法誤導對方，生怕對方知道了你的底細，會向你漫天要價的做法最終會使自己吃虧。

第二階段：創造價值

此階段為談判的中級階段，談判的雙方彼此溝通，往往申明了各自的利益所在，了解的對方的實際需要。但是，以此達成的協議並不一定對雙方都是利益最大化。因為利益在此往往並不能有效地達到平衡。即使達到了平衡，此協議也可能並不是最佳方案。因此，談判中雙方需要想方設法去尋求

更佳的方案，為談判各方找到最大的利益，這一步驟就是創造價值。這個階段往往在商務談判中最容易被忽略。

　　一般的商務談判很少有談判者能從全局的角度出發，去充分創造、比較與衡量最佳的解決方案。因此，也就使得談判者往往總覺得談判結果不盡人意，沒能達到預期的效果，或者總有一點遺憾。所以，採取什麼樣的方法使談判雙方達到利益最大化，尋求最佳方案就顯得非常重要。

第三階段：克服障礙

　　此階段往往是談判的攻堅階段。談判的障礙一般來自兩個方面：一方面是談判雙方彼此利益存在衝突；另一方面是談判者自身在決策程式上存在障礙。前一種障礙是需要雙方按照公平合理的原則來協調各自的利益；後者就需要談判無障礙的一方主動去幫助另一方權衡利弊，進行決策。

　　如果你要想在談判中實現雙贏的結果，就必須牢記以上的談判步驟。透過採取適當有效的策略和方法，使談判的結果達到雙贏，從而使雙方利益都得到最大化。

> **職場診療室**
>
> 你是否發現，在談判的很多時候，雙方都是在交流感情，尋找彼此間的共同點，以消除隔閡。與對方交上朋友，搞好關係，你自然能在談判中多一份致勝的籌碼。而達到雙方利益的平衡點，取得雙贏，將使你獲得更為長久的利益。

5 種說服他人的妙法

　　說服是一門藝術，更是一個人綜合素養的具體體現。在職場中，要想就

某事而說服某人，必須掌握一些說服的技巧和法則。

一、善於抓住有利的時機

一個人的心理狀況是客觀現實在頭腦中的反映，外界的刺激會引起人的心理變化，導致人的心理波動。

這時人們往往情緒反應強烈，感到不安，特別是年輕人情感更為動盪，極易衝動，情感有餘，而理智不足，一旦情感的潮水漫過理智的堤壩，就會在激情的驅使下採取過份行為，事後則追悔莫及。如果抓住情緒產生強烈波動，還未導致不正常行為的時刻予以說服，加以引導，說明利害得失，對方就會受到震動，恢復理智，幡然醒悟。而如果過早地進行說服，會被對方認為神經過敏或無中生有；如果事過境遷，再去說服教育，易被對方看成「事後諸葛」或「馬後砲」。這些都不能收到好的效果。要抓住最佳時機，就要善於在人的思想、情緒容易發生變化或可能出現問題的關口及時進行說服教育。

一般來說，當人們面臨畢業分配、工作變動、婚戀受挫、家庭巨變、意外事故等情況時，極容易產生思想波動和不安情緒，這也正是進行說服的好時機。個別說服的時機是否恰當，可以透過觀察對方的情緒表現進行判斷。如果對方心平氣和，或者表現出情緒極度平靜的跡象，這往往是說服的好時機。如果發現對方表現出反感和對立情緒，我們除應檢查談話方式、方法或自己的觀點、態度是否正確外，還應考慮談話的時機是否成熟，及時終止談話，以免造成不利的後果。

這時，我們應積極觀察，耐心等待；或者採取恰當措施，創造有利的時機，使說服一舉奏效。實際上，我們所強調的最佳時機，並沒有具體標準，也並不限於上面事例中所展示的模式，而全靠我們在具體情況下從說服目的

出發，針對對方的思想狀態和心理特點，自己揣摩和把握。只要我們用心去觀察，準確地預測和果斷、靈活地掌握說服的技巧，我們的說服工作就會像杜甫詩句中「知時節」的「好雨」那樣，「當春乃發生」，恰到好處地滋潤對方的心田。

二、步步為營，穩中求勝

說服別人不僅需要技巧，而且還要依循一定的步驟，就如同行軍打仗一樣，步步為營，才能穩中求勝，也容易形成排山倒海的氣勢。

(1) 吸引對方的注意和興趣。為了讓對方同意自己的觀點，務必要吸引勸說對方將注意力集中到自己設定的話題上。利用「這種事情，你怎麼看？」「這對你來說，是絕對有用的……」之類的話轉移他的注意力，讓他願意並且有興趣往下聽。

(2) 明確表達自己的思想。清楚、明白的表達能力是成功說服的首要要素。對方能否輕輕鬆鬆傾聽你的想法與計劃，取決於你如何巧妙運用你的語言技巧。

準確、具體地說明你所想表達的話題。比如「如此一來不是就大有改善了嗎？」之類的話，更進一步深入話題，好讓對方能夠充分理解。為了讓你的描述更加生動，少不了要引用一些比喻、實例來加深聽者的印象。適當引用比喻和實例能使人產生具體的印象，能讓抽象晦澀的道理變得簡單易懂，甚至使你的主題變成更明確或為人熟知的事物。如此一來，就能夠順利地讓對方在腦海裡產生鮮明的印象。說話速度的快慢、聲音的大小、語調的高低、停頓的長短、口齒的清晰度等都不能忽視。

除了語言外，你同時也必須以適當的表情、肢體語言來輔助。

(3) 動之以情。說服前只有準確地揣摩出對方的心理，才能夠打動人

心。透過你所說的內容，了解對方對此話題究竟是否喜好、是否滿足，再順勢動之以情或誘之以利，告訴他「倘若照我說的去做，絕對省時省錢，美觀大方，又有銷路……」不斷刺激他的欲望，直到他躍躍欲試為止。

一般而言，人的思維和行動都是由意識控制，即使他人和外界如何地建議或強迫，也不見得能使其改變。因此，想要以口才服人的人，必須意識到說服的主角不是自己而是對方。也就是說，說服的目的，是借對方之力為己服務，而非壓倒對方，因此，一定要從情感深處征服對方。

(4) 提示具體做法。在前面的準備工作做好之後，就可以告訴對方該如何付諸行動了。你必須讓對方明了他應該做什麼、做到何種程度最好等。到了這一步，對方往往就會很痛快地按照你說的去做。

三、採用點滴滲透的方法

有的時候，說服別人可以採取點滴滲透的方法，逐步達到說服的目的。

(1) 了解對方的想法。想要讓對方同意你的意見，第一點就是要設法先了解對方的想法與資訊來源。曾經有一位很優秀的管理者說：「假如客戶很會說話，那麼我就有希望成功地說服對方，因對方已講了七成話，而我們只要說三成話就夠了。」事實上，我們大多數人為了要說服對方，就勁頭十足地陳述自己的觀點和依據，說完了七成，只留下三成讓客戶「反駁」。這樣如何能順利圓滿地說服對方？因此，應盡量將原來說話的身分改變成聽話的角色，去了解對方的想法、意見，以及其想法的來源或依據，這才是最重要的。

(2) 接受對方的想法，同時也讓對方接受你。如果對方反對你的新提議，是因為他仍對自己原來的想法保持不捨的態度，而且他的看

法確有可取之處，那麼此時最好的辦法，就是先接受他的想法，站在對方的立場想問題，最好能說出對方想講的話。為什麼要這樣做呢？因為當一個人的想法遭到別人一無是處的否決時，極可能為了維持尊嚴或嚥不下這口氣，反而變得更倔強地堅持己見，抗拒反對者的新建議。若是說服別人淪落到這地步，成功的希望就不大了。

　　善於觀察與利用對方的微妙心理，是幫助自己提出意見並說服別人的要素。一般來說，被說服者之所以感到憂慮，主要是怕「同意」之後，會不會發生意想不到的後果；如果你能洞悉他們的心理癥結，並加以防備，他們還有不答應的理由嗎？至於令對方感到不安或憂慮的一些問題，要事先想好解決之法，以及說明的方法，一旦對方提出問題，可以馬上說明。如果你的準備不夠充分，講話時模棱兩可，就會令人感到不安。所以，你應事先預想一個引起對方可能考慮的問題，此外，還應準備充分的資料，給客戶提供方便，這是相當重要的。

　　(3) 明確說服的內容。有時候，雖有滿腹的計劃，但在向對方說明時，如果對方無法完全了解其內容，他可能馬上加以否定。另外還有一種情形，對方不知道我們說什麼，卻以先入為主的成見，擺出一副不會被說服的模樣；或者眼光短淺，不願傾聽。如果遇到以上幾種情形，一定要耐心地一項項按順序加以說明。務求對方了解我們的真心實意，這是說服此種人要先解決的問題。對不能完全了解我們說服的內容者，千萬不可意氣用事，必須把自己新建議中的重要性及其優點，一下打入他的心中，讓他確實明白。舉一個例子加以說明，假如你說服別人，第一次不被接受時，千萬不可意氣用事地說：「說了也是白說。」

四、採用先入為主式的誘導

現代醫學告訴我們，一直生活在潔淨環境裡的人，雖然有健康的身體，但對某些疾病卻缺乏免疫力。為了獲得對病毒細菌的抵抗力，就需要接受某種預防疫苗的注射。也就是先接受少量的病菌感染，產生抗體，以便再遇到這種病菌時，有足夠的力量加以抵抗。這就是在醫學上所謂的「接種免疫」。

這種方法同樣可以用在勸說上。勸說者不僅希望對方接受自己的觀點，同時還希望他不再受相反思想的影響，也可以進行這種預防性「注射」。

心理學的研究表明，如果一個人持有某種見解後，從未受過攻擊，那麼在他的周圍就不會建立起任何防禦系統。當他突然遇到相反意義的說服性誘導時，會感到很新鮮，易於喪失原來的立場，改變態度順應新觀點。相反，如果這個人的見解曾經受到過輕微的攻擊，並經受住了考驗，在他心裡就會圍繞著這種觀點建立起比較強的「防禦工事」，從而可以經受更為有力的勸說。這就是「接種效應」。

上世紀 50 年代初，美國社會心理學家曾做過這樣的試驗：實驗者要使被試驗者相信，蘇聯至少在五年內不會製造出大量的原子彈。一組接受勸說後，沒有給予反駁。另外一組接受勸說後，則給予輕微的攻擊，就是告訴他們一些相反的觀點。過一段時間以後，又對所有的被試驗者進行了相反的勸說。結果，第一組被試者只有 2 % 的人維持了原來的態度，而第二組被試者則有 67% 的人堅持原來的觀點。

由此可見，成功的勸說不僅要促使被勸說者形成某種態度，還要能夠預先培養他對相反觀點的抵抗能力。

五、「得寸進尺」的緊逼策略

說服對方接受一個較小的要求後，再說服他接受一個更大的要求就有了

第九章　會議是個競技場：在大眾面前要充分展示自己

很大的可能性。心理學家把這種逐步接近目標的說服方法叫做「登門檻術」。正像你想進一間房子，又怕遭到主人的拒絕，就先說服主人讓你的腳踏上門檻，然後再說服他讓你的腳踏進門檻內，達到了這個目的，再說服他讓你進屋就不難了。這實際上是個「得寸進尺」的策略。

在現實生活中運用這種技巧是有效的。父母要求愛睡懶覺的孩子早起床，先讓他每天早起半個小時就很容易做到，待他養成習慣以後，要求他再提前半個小時。而如果一下子讓他提早一個小時就比較困難。這實際上是一種循序漸進的勸說方法。

有時候相反的技巧也會造成作用，就是首先提出一個大的要求，接著再提出一個較小的要求。這與直接提出較小的要求相比，接受的可能性會大大增加。這種方法對於那些小商販來說是常使用的。我們都有這樣的經驗，賣主先是漫天要價，再討價還價，當他降低價格的時候，買主以為他退卻了，便接受了這個價格。而實際上他仍然按照自己的意圖進行了交易，卻讓雙方都得到了滿意。

「登門檻術」和其相反的技術起作用的條件是不同的。當一個較大的要求過後，立即跟著一個較小的要求出現，並且與較大要求有明顯的聯繫時，相反的技術更能實現其效果。而當兩個要求毫無聯繫的時候，「登門檻術」就會造成作用。

職場診療室

說話水準，作為一個人語言的說服力、吸引力、感染力，它在交際中起的作用是不可估量的。美國著名成功學大師戴爾‧卡內基曾說：「一個人的成功，15%取決於才能，85%取決於社交。」

第十章

左右逢源：做一個人人喜歡的小小鳥

有遠大抱負的人不可忽略眼前的工作。

—— 尤里比底斯

有一類卑微的工作要靠堅苦卓絕的精神忍受，最低陋的事情往往指向最崇高的目標。

—— 莎士比亞

討厭你的人有多少？

田野上的麥穗，空癟的時候它總是長得很挺，高傲地昂著頭。麥穗飽滿而成熟的時候，它總是表現出溫順的樣子，低垂著沉甸甸的腦袋。它在教我們謙虛。真正的成功人士總是低調而謙遜，只有無知的傢伙才覺得自己什麼都知道。

雖然我們一直強調表現自己的必要性和重要性，但與此同時，你也要遵守其內在的運行規則，積極表現無可厚非，但莫忘了四個字 —— 過猶不及。如果你太出風頭，人們就會群起而攻之。作為職場中的一員，如果表現得太突出，爭著出風頭，往往容易成為同事排斥、怨恨的目標，也會給上司有如芒刺在背的不安感。這麼一來，肯定會影響你在公司裡的發展。因此，在職場上打拚的人要記住：少樹敵，多交友，該低調的時候絕不抬頭，該出聲的時候絕不低頭，做一隻人人喜歡的小小鳥。

做人不可太張揚。不刻意顯示自己，這既是一種人生境界，也是為人處事的人格魅力。把自己的姿態放低，你才能收穫更多。贏得人脈，贏得知識，贏得資源，贏得賞識，最後贏得成功，從平凡走向輝煌。

學會為別人著想

「一百人眼中有一百個哈姆雷特」，同理，「一千人眼中有一千個辦公室」 —— 有人認為辦公室是「人間地獄」，有人則視它為實現理想的地方，也有人把它當作社會的縮影，一切奸詐欺哄，互相傾軋，在辦公室裡司空見慣。

以同事關係來說，如果你要認真計較的話，每天都也可以找到四五件令自己生氣的事情，例如，被人誣害、同事犯錯連累他人、受人冷言譏諷等。

有人不便即時發作，便暗自把這些事情記在心裡，伺機報復，這種仇恨的心理，不但無法損害對方分毫，反而會影響自己的工作情緒，自食其果。

不管同事怎樣冒犯你，或者你們之間產生什麼矛盾，都要記得「得饒人處且饒人」，多一事不如少一事。凡事能夠忍讓一點，日後你有什麼行為差錯，同事也不會做得太過分，迫使你走向絕境。

如何才能培養出這種豁達的心懷呢？這就需要將心思集中在一些美好的事情上，如對方的優點，你在團隊裡奠定的地位和取得的成就等。當你的報復或負面的思想產生時，就想想西方人待人接物的「黃金準則」：「你希望別人怎樣對待你，你就應該怎樣對待別人。」真正有遠見的人，不僅要在與同事一點一滴的日常交往中為自己積累最大限度的「人脈存摺」，同時也會給對方留有相當大的迴旋餘地 —— 給別人留面子，也就是給自己賺面子。

小陳和小顧本是很好的同事和朋友，近來卻關係緊張。不明真相的人以為他們之間肯定是發生了什麼天大的事情，事實上遠沒有想像得那麼嚴重，他們只是為了一句話，一句最多不超過十個字的話。

事情的起因是在最近的一次商務晚宴上，小顧坐在心儀已久的女客戶身邊，與她談笑風生。就在小顧正對當時所播放的音樂侃侃而談時，坐在隔壁桌的小陳指出了小顧見解中的一個小錯誤。小顧頓時漲紅了臉，為了不在女客戶面前失去面子，他據理力爭。令他意外的是，一向非常了解他心跡的小陳此刻卻毫不相讓。幸好這位女客戶非常機警，及時化解了尷尬的局面。

這件事讓小顧心裡非常不滿，讓他更加生氣的是，不出幾日，很多人都知道了小顧在宴會上的小失誤，小陳甚至毫不忌諱地拿這件事跟小顧開玩笑。小顧終因太沒面子惱羞成怒，反唇相譏，大揭小陳的「底牌」，於是後果也就不難想像了。

人人都有自尊心和虛榮感，甚至連乞丐都不願受「嗟來之食」，更何況是

原本地位相當、平起平坐的同事。但很多人卻總愛掃興 —— 令同事面子難保，以致撕破臉皮，因小失大。

不要以為自己有什麼過人之處，便認定對方是「老頑固」，如果你想事事進展順利，就必須學會如何尊重別人，摒除狹隘的思想，與自己不喜歡的人建立友誼。縱使別人犯錯，而你是對的，也要寬恕別人，為其保留面子。

我們要經常捫心自問，無法與別人合作的原因，究竟是對方的問題，還是自己做得不夠好？我們自己是不是也負有責任，沒有去努力營造愉快融洽的氣氛？

千萬不能忽視與別人和平共處的技巧，它是你日後事業成敗的關鍵。與同事相處，應以誠為本，當他需要你的意見時，你不要只是使勁給他戴高帽，發出無意義的誇讚；當他遇到工作上的疑難時，你要盡心盡力予以援手，而不是冷眼旁觀，甚至落井下石；當他無意中冒犯了你，又忘記跟你說聲對不起時，你要抱著「大人不記小人過」的心情，真心真意地原諒他，日後他有求於你時，要毫不猶豫地幫助他。

也許你會問：「我為什麼要待他這麼好？」答案很簡單，因為他是你的同事，你每天有 1/3 的時間跟他們在一起，你能否從工作中獲得快樂與滿足，是否敬業樂業，同事們扮演著非常重要的角色。試想：當你回到辦公室裡，發覺人人對你視若無睹，沒有人願意主動跟你講話，也沒有人與你傾吐工作中的苦與樂時，你還會留戀你的工作嗎？

如果你覺得與同事相處很困難，請細心閱讀以下的意見，相信你能從中獲得所需要的啟示。

首先，當對方有意無意表示自己有多能幹，上司如何如何信任自己時，切勿妒忌他，你應該心平氣和地欣賞他的「表演」，並誠心誠意地欣賞他的長處。

其次,當大家聚在一起聊天的時候,你可以暫且放下工作,去跟他們開些無傷大雅的玩笑,讓同事感覺你是他們的一分子。

再次,不要隨便把同事告訴你的話轉告上司,否則你會很容易遭致大家聯合起來反對你。

如果某一天,你搭檔多年的同事忽然另謀高就了,公司調來了新搭檔給你,而此人在公司聲名不佳,諸如霸氣、自私、不合作等,你聽得多了,自然就會感到不安,生怕將來合作會有不愉快的事件發生。如果你提前有了這種心理準備,那麼要面對他就並不困難。你不妨抱著這樣的大原則:只信自己眼睛,不要相信耳朵。凡事由自己去觀察分析,再下評語,切忌胡亂聽信別人的是非之言。

無論你跟誰搭檔,業績輝煌的首要條件是雙方能夠默契,心往一處想,勁往一處使。要達此目的,你不妨先走一步,拿出你的誠意來,跟對方好好分工合作,終能共享美滿成果!

職場診療室

要有大局觀念,要換位思考,把自己放在別人的處境上多想一想。有些事情,大家都是身不由己,不要太計較。今天這個人可能對你不利,明天也許就會有利。一兩件小事算不得什麼,只要能朝著目標邁進就可以。

給別人充分的尊重

在富蘭克林的自傳中,他詳細敘述了自己如何克服好辯的習慣,不在任何時候都表現得比別人聰明,最終使自己成為美國歷史上最能幹、最和善、最老練的外交家的過程。

第十章　左右逢源：做一個人人喜歡的小小鳥

　　當富蘭克林還是個毛躁的年輕人時，有一天，一位教會的老朋友把他叫到一旁，嚴厲地訓斥了他一頓：「你真是無可救藥。你已經打擊了每一位和你意見不同的人。你的意見變得太珍貴了，沒有人承受得起。你的朋友發覺，如果你在場，他們會很不自在。你知道的太多了，沒有人再能教你什麼，也沒有人打算告訴你些什麼，因為那樣會吃力不討好的，而且又弄得不愉快。因此，你不能再吸收新知識了，但你的舊知識又很有限。」

　　富蘭克林的明智在於，他接受了那位教會朋友的批評。他已經能成熟、明智地領悟到自己的確是那樣，也發覺他正面臨失敗和社交悲劇的命運。他立刻改掉了傲慢、粗野的習慣。

　　「我立下一條規矩，」富蘭克林說，「絕不允許自己太武斷。我甚至不允許自己在文字或語言上有太肯定的意見表達，比如『當然』、『無疑』等等，而改用『我想』、『我假設』、『我想這件事應該這樣或那樣』或『目前，我看來是如此』。當別人陳述一件事而我不以為然時，我絕不立刻駁斥他或立即指正他的錯誤。我會在回答的時候，表示在某些條件和情況下，他的意見沒有錯，但在目前這件事上，看來好像稍稍有些不同等等。我很快就領會到我這種改變態度的收穫：凡是我參與的談話，氣氛都融洽得多了。我以謙虛的態度來表達自己的意見，不但容易被接受，更減少了一些衝突。當我發現自己有錯時，也不會遇到什麼太難堪的場面。而當我碰巧是正確的時候，更能使對方不固執己見而贊跟我。

　　「我最初採用這種方法時，確實和我的本性相衝突，但久而久之就逐漸習慣了。也許 50 年來，沒有人聽我講過些什麼太武斷的話，這是我提交新法案或修改舊條文能得到議員們的重視，而且在成為議會的一員後仍具有相當影響力的重要原因。我不善辭令，更談不上雄辯，遣詞用字也很遲疑，還會說錯話，但一般說來，我的意見還是能得到廣泛的支持。」

在和別人交往的過程中，讓別人感覺到你對他的尊重，自然是有益無害的。給別人充分的尊重，你才能得到別人的尊重。

亞力山大和大流士在伊薩斯展開激烈大戰，大流士失敗後逃走了。一個僕人想辦法逃到大流士那裡，大流士詢問自己的母親、妻子和孩子們是否活著，僕人回答：「他們都還活著，而且人們對她們的殷勤禮遇跟您在位時一模一樣。」

大流士聽完之後又問他的妻子是否仍忠貞於他，僕人回答仍是肯定的。於是他又問亞歷力山大是否曾對她強施無禮，僕人先發誓，隨後說：「大王陛下，您的王后跟您離開時一樣，亞歷山大是最高尚的人，最能控制自己的英雄。」

大流士聽完僕人這句話，雙手合十，對著蒼天祈禱說：「啊！萬能的主！您掌管著人世間帝王的興衰大事。既然您把波斯和米地亞的主權交給了我，我祈求您，如果可能，就保佑這個主權天長地久。但是如果我不能繼續在這個地方稱王了，我祈禱您千萬別把這個主權交給別人，只交給亞歷山大，因為他的行為高尚無比，對敵人也不例外。」

尊重別人，即使是你的敵人，這樣你甚至可以得到敵人的祝福。成功也就不遙遠了。

有一位著名的工程師，工作非常出色，但脾氣非常暴躁。他對手下的工人異常嚴厲，哪怕他們做錯一點小事情，他都會把這些工人罵個狗血噴頭。大家當然都不喜歡這個工程師，工人們幾乎每天都在詛咒他「快一點死掉」。

一天，工程師來到工地，檢查施工的進度和質量。他發現工地上居然有三分之二的工人沒有戴安全帽。「你們這些蠢豬，趕緊都把安全帽給我帶上！」工程師對著那些正在幹活的工人生氣地大罵道。

「你們不知道不戴安全帽有多麼危險嗎？全部都給我戴上！」工程師看著

這些工人們，一邊戴帽子一邊很不情願的樣子，實在是想不明白，為什麼他們不願意戴安全帽。難道，他們不重視自己的生命嗎？還是不懂戴安全帽的重要性？顯而易見，這些都不是，真不知道他們為什麼要這麼幹！看著工人們都戴上安全帽後，工程師走開了。

然而，事情並沒有就此結束，工程師剛一走開，工人們就大罵工程師，大多數人又都把帽子摘下來，丟在了一旁。

因為，工人們不喜歡這位工程師，所以，大家幹活都不賣力氣。以至於，工程師的工作業績漸漸開始下降。沒辦法，為了自己的聲譽，工程師只好去請教了一位心理醫生，心理醫生教給了工程師一個新的辦法。

這天，工程師又看到工地上有很多人沒戴安全帽，他走過去問這些工人：安全帽是不是戴著不舒服啊？尺寸是不是不合適啊？為什麼大家都不喜歡戴呢？並且很關心地提醒工人戴安全帽的重要性，甚至還親自動手把帽子給工人戴上。

這次的效果，居然比上次好多了！工人們全都高高興興地把帽子戴上了。後來，工程師在對待工人的其他事情上，也運用了心理醫生教他的辦法，他的工作成績居然比先前提高了一倍！

孟子曾說過：「愛人者，人恆愛之；敬人者，人恆敬之。」一個人在與別人交往中，如果能很好地理解別人、尊重別人，那麼他一定會得到別人百倍的理解和尊重。在與他人交往中，要時時本著「設身處地」的思想去理解別人、尊重別人、體貼別人。

做事先要學會做人

比爾蓋茲曾說過：「我把人品排在人所有素養的第一位，超過了智慧、創新、敬業、激情等，我認為如果一個人的人品有了問題，這個人就不值得一個公司去考慮僱用他。」

在一次企業面試的時候，主考官問求職者這樣一個問題：10 減 1= ？參加面試的共有三個人，其中有兩位是碩士。第一位求職者信心滿懷地回答說：「你想等於幾就等於幾。」第二位則滔滔不絕：「十減一等於八，那是消費；等於 12，那是經營；等於 15，那是金融；等於 100，那是中獎。」望著神采飛揚的他們，最後一個求職者腦子裡一片空白，最後只好黯然答道：「十減一等於九」，並作好了落選的準備。沒想到主考官當場宣布他被錄取了。事後問其原因，竟是他的誠實打動了考官，這個理由簡單得讓人吃驚。

其實，這個案例反映出了企業用人的標準：做事先要學會做人。很多企業認為，「做人」是「做事」的前提，也可以說，「做人」是「做事」的舵手、風向球，只有方向正確了，所做的事情才能發揮它的正面價值，否則，不僅可能產生不了預期效果，甚至可能適得其反。正是因為這樣的認識，很多企業在應徵人才的時候，首先看重的並不是你的能力，而是你的人品。

「做事先做人」是為人處世、工作生活中的一條金科玉律，我們要獲得成功，首先要修煉內功，提高自己的品德修養，人做好了，事才有可能做好。如果只把眼睛盯在事上，無視或輕視做人，最終也是不能把事做好的。

人生在世，離不開做人與做事，但懂得了「做事先做人」的金科玉律，也就抓住了問題的根本。而要想做人，要想做好人，首先就要講求誠實守信。

想要在事業上取得成功，建立你的個人影響力非常重要。你可以想像一下身邊的朋友，為什麼有些人總是能夠帶給別人更多的感染力？為什麼有的人更容易贏得別人的信任，並且有很多的追隨者？

答案其實很簡單，就是因為人們充分地信任這種人，所以就自發自願地跟隨著他。

想要在職場上獲得成功，也應該讓自己具有這種感染別人的影響力，這對於你的事業會有很大的幫助。而要想實現這一點，很關鍵的一點就是你要贏得別人的信任。當別人能充分信任你時，你的老闆就能夠派給你更為重要的任務，而你的下屬，也會大力支持你，因為他們覺得你是可以給他們安全感的。

講信用是忠誠的外在表現，人離不開交往，交往離不開信用。一個人是否講信用，直接影響到他跟其他人的溝通效率和溝通成本。因為沒有人會輕易相信那些不講信用的人，所以和這種人進行溝通或者交易，所要花費的各種成本會大大增加。而如果你是一個信用非常好、聲譽非常棒的人，你就會發現，無論是做交易還是跟人溝通，你的成功機率和成功效率都會大大提高，而這都得益於你良好的信用。

家凱在一家汽車公司擔任業務，剛開始，因為摸不清楚客戶的心理，他的業績非常不好，而業績和薪資是掛鉤的，因而他的收入也少得可憐。另

外，公司還規定：如果連續兩個月一輛車都銷售不出去，就必須離開。在最初的半年裡，家凱竭盡全力才勉強賣出了三四輛車，這讓他僅能維持基本的生活開支。

經過一年多的努力，家凱漸漸地掌握了顧客的購買心理，以及男女顧客不同的喜好和特點。慢慢的，他的業績開始提升，薪水也隨之不斷增加。

一天，公司來了個剛畢業的大學生小陳。小陳剛從學校進入社會，沒有一點銷售經驗。家凱看到他就像看到當初自己的處境一樣，非常關心小陳，還不時地傳授一些銷售經驗給他。

可是賣汽車畢竟不是賣普通的小商品，不是隨便就能夠賣出去的。眼看兩個月就要過去了，小陳還是沒能「開張」，這就意味著小陳即將失業。

到了月結那天，家凱悄悄地對小陳說：「我最近簽了一個單，先記到你名下吧，先過了這道關，以後好好努力，我相信你一定能行。」

小陳起初不太願意，可面對家凱的熱情相助，也不好拒絕。於是他對家凱說：「那好吧，單子簽我的名，等到發業績獎金，錢一定要給你。」

家凱笑著說：「不著急，等你下個月簽了單，再給我也是一樣的。」就這樣，家凱幫小陳渡過了難關。

過後不久，公司老闆召見家凱。家凱剛走進老闆的辦公室，他就發現小陳也在那裡。經過介紹，他才知道原來小陳是老闆的侄兒，是學管理的，研究所畢業後老闆希望小陳到他的公司幫忙，並希望他從基層做起，以普通員工的身分融入公司，了解業務流程，和客戶直接接觸，並且還要隱瞞自己和老闆的親戚關係，以免受到特殊照顧。家凱這才了解到事情的原委。

恰好此時，公司要提拔一名老員工做業務主管。鑑於家凱優秀的業績，而且能主動幫助新同事，讓同事能更快地熟悉和開展業務，小陳就向叔叔推薦了家凱。

第十章　左右逢源：做一個人人喜歡的小小鳥

老闆對家凱說道：「公司就是需要你這樣的一批員工，不僅業務出色，品德也要非常優秀，這樣才能進一步拓展公司的業務，才能造就一個健康的、積極的、互助的工作環境。」

就這樣，家凱憑藉著自己出色的銷售才能和樂於助人的高尚品德，使自己的職業生涯漸入佳境。

很多時候，得未必是得，失未必是失。以上面所講到的故事為例，家凱主動幫助同事，不僅沒有影響自己的業績，而且還因為他對同事的主動幫助而獲得了老闆的認可與器重，這就是小失換大得。

一般人認為幫助別人，就是要犧牲自己的利益，別人得到了，自己卻失去了。其實助人為樂，既幫助了別人，也是對自己的一種「投資」。在當今社會，企業用人的原則越來越趨向於人品第一。「用人的原則是德才兼備，以德為先。打個比方說，品德就像火車的方向、鐵軌，才能就像馬力。如果方向路軌偏了，馬力越大，造成的危害也就越大。」

做買賣要講究產品質量，但更講究人品。被《富比士》雜誌稱之為「美國銷售大師」的美國菲利普·莫里斯公司總裁阿爾弗雷德有句名言：「要記住，你的顧客購買的不是你的產品，他們購買的是你個人的魅力，然後他們幫助你銷售產品。」這句話的意思是說，和客戶談生意的時候，推銷的不僅僅是商品，更多的是推銷你的人品，如果他人認可了你的人品，自然也就信任你的產品。

有位企業家曾說過：「做生意和做人一樣，首先都要講究質量，正直做人會給你帶來一本萬利的回報。」小吳出身貧寒，20 歲的時候在一家機械公司當業務員。剛開始的時候，因為機器質量優良，一個月的時間就做成了 30 單生意。但後來小池發現自己賣的機器比外面同樣質量和性能的機器貴了一點。小吳想：「如果顧客知道了，以為我做生意不厚道，肯定會影響以後的合

作。」於是深感不安的小吳立即帶著訂單，逐家拜訪客戶，說明情況後，堅決要返還多收的款項。

小吳的舉動使客戶們都非常感動，都認為小池是一個值得信賴的人。慢慢地，由於人品可靠，小吳的生意做得越來越好。一直到後來獨立創業，這些客戶還和他保持著良好的合作關係。

講究誠信是為人處世的一種高尚的品質和情操，你以誠待人，別人才會以誠待你。信守承諾，講究信譽，是一個人應當擁有的基本素養之一。

只有誠信的人，才會得到別人的信任。只有做到一諾千金，你的事業才有會獲得發展，並蒸蒸日上。

1970 年代，航運大廠包玉剛決定進入房地產業。儘管香港的房地產業利潤非常高，但是，風險也是相當大的。

1979 年，包玉剛看準時機，決定收購當時屬於英國人的九龍倉。他與李嘉誠達成君子協議，不干預李嘉誠收購和記黃埔，李嘉誠則不干預他收購九龍倉。然後，包玉剛便開始大量買進九龍倉股票，沒過多久，英國人就發覺股票市場出現的異常波動，為了防止九龍倉被收購，立即採取了反收購的行動，調集許多資金把九龍倉的股價越炒越高。

最後，包玉剛還需要 30 億元資金才能實現其控股九龍倉的計劃。原九龍倉的幾個大股東認為，包玉剛已經沒有資金了，他不可能在短時間內籌集到 30 億的現金，因此，包玉剛根本不可能再收購九龍倉了。當時，包玉剛自己也對媒體記者說，現在九龍倉的股價太高了，收購十分困難，自己將放棄收購，並準備出去散散心。接著，他真的坐飛機離開香港去歐洲遊玩。從週一到週五，媒體一直追蹤報導包玉剛頻頻出現在歐洲的各大遊樂場所，大家都認為包玉剛已經放棄了收購計劃。但是，在週六和週日兩天，包玉剛卻不知去向了。

到了週一，包玉剛卻帶著30億元資金又殺入了香港股市，一舉收購了九龍倉，成為九龍倉第一大股東，輕鬆實現了收購控股計劃。

原來，「失蹤」的那兩天裡，包玉剛一直在請歐洲的大銀行家吃飯。他憑藉自己的良好信譽，輕而易舉地獲得了這些銀行家的貸款支持。

為什麼包玉剛能夠輕鬆獲得30億的資金貸款？因為他有信譽！我們完全可以這樣說，正是包玉剛長期以來樹立的誠信和個人魅力，才讓他在這場收購大戰中獲得了最終的勝利。

所以，當別人因為你良好的信用對你信任的時候，你一定要好好利用這種信任所產生的影響力。這種影響力不但能幫助你克服很多困難，也能幫助你成就很多事業。因為當別人充分地理解你，並相信你能夠成功，能夠帶給他們更多的好處時，他們就會對你慷慨解囊，在你需要幫助的時候助你一臂之力。

當然，僅僅有信任是不夠的，還必須要有信用，因為信用是理性的，信任是內心的。只有把二者結合起來，才能得到最大化的效果。因為，你的守信和誠實會讓別人對你的態度發生改變，而且會對你尊敬有加，也正是這種信任營造的影響力，才會讓你走向成功。

職場診療室

中國有句老話：「做事先做人」。的確，學會做人是成事之道，人品人格是謀事之基。我們既然以「人」的身分在人世間生活，首先從本質上講是「人」，所以一個人若要成功，首要問題就是學會做人，如果連做人都不會，怎麼能把事做好呢？想要成功的人，一定要明白一個永恆的成功法則：想要自己獲得幫助，首先幫助別人；想成就自己，就要先想出辦法去成就別人。

讓步也是一種進步

我們之所以與別人發生爭執，原因在於我們都認為自己是對的。但實際上，由於每個人所掌握的資訊不一樣，或者因為判斷標準的差異，所以才導致對同一件事情的不同看法。在很多情況下，其實並沒有絕對的正確，也沒有絕對的錯誤。

有兩個小和尚為了一件小事吵得不可開交，誰也不肯讓誰。第一個小和尚怒氣衝衝地去找師父評理，師父在靜心聽完他的話之後，鄭重其事地對他說：「你是對的！」於是第一個小和尚得意洋洋地跑回去宣揚。

第二個小和尚不服氣，也跑來找師父評理，師父在聽完他的敘述之後，也鄭重其事地對他說：「你是對的！」待第二個小和尚滿心歡喜地離開後，一直跟在師父身旁的第三個小和尚終於忍不住了，他不解地向師父問道：「師父，您平時不是教我們要誠實，不可說違背良心的謊話嗎？可是您剛才卻對兩位師兄都說他們是對的，這豈不是違背了您平日的教導嗎？」

師父聽完之後，不但一點也不生氣，反而微笑地對他說：「你是對的！」第三位小和尚此時才恍然大悟，立刻拜謝師父的教誨。

當你和別人有爭執的時候。想想看，站在你們每個人的立場上，你們都是對的。只不過因為每一個人都堅持自己的想法或意見，無法將心比心、設身處地地去考慮另外的角度，所以沒有辦法站在別人的立場去為他人著想，衝突與爭執也因此就在所難免了。

還有一些無理取鬧的人，那你就更不需要與他們爭辯什麼了。不要和不能講道理的人講道理，否則你只會把自己降到和他同一高度。

某公司有一個女孩子，平日只是默默工作，並不多話，和人聊天，總是微微笑著。有一年，公司來了一個好鬥的人，很多同事在他主動發起攻擊之

下，不是辭職就是請調。最後，矛頭終於指向了這個女孩子。

有一天，這位好似吃了火藥的同事，對著女孩劈裡啪啦一陣指責。誰知那位女孩只是默默笑著，一句話也沒說，只偶爾間一句「啊？什麼？」最後，這位鬥士只好主動「鳴金收兵」，但也氣得滿臉通紅，一句話也說不出來。過了半年，這位好鬥的人自覺無趣，請求調離。

不論在什麼情況下，與你的同事發生正面衝突，都是愚蠢的做法，那樣做不僅會招致同事的鄙視，更會使上司產生對你的負面評價。

以針尖對麥芒之勢對待競爭對手，也許會出一時之氣，但你們的爭執在同事眼裡常常會變成一場鬧劇或背後議論的焦點。而這時你們的形象都不會很完美。別以為爭辯是在顯示你的伶牙俐齒，為了個人利益而大動肝火，會讓別人覺得你原來竟是如此的小肚雞腸、斤斤計較。何不忍讓一下呢？這更能表現你的風度。

隋朝時，有個大臣叫牛弘，他好學博聞，待人十分寬宏大量。隋煬帝很器重他，曾允許他與皇后同席吃飯，這在當時是很高的禮遇了。但牛弘在眾人面前總是表現得十分低調，對待別人寬厚謙讓。他不僅與同僚相處融洽，而且家庭也十分和睦。

牛弘有個弟弟叫牛弼，經常酗酒鬧事。一次牛弼喝多了酒，酒後將牛弘駕車的牛射死了。牛弘從外面回到家後，他的妻子迎上前，對他說道：「小叔喝醉了酒耍酒瘋，將牛射死了。」

牛弘聽了，什麼也沒問，只是說將牛肉做成肉脯算了。他妻子做完之後又提殺牛之事，牛弘卻說：「剩下的做湯。」過了一會兒他妻子又嘮叨殺牛的事，這時，牛弘才說道：「我已經知道了。」一點生氣的樣子也沒有，臉色像平時一樣溫和，甚至連頭也沒抬，繼續看他的書。

妻子見丈夫這樣大度，感到很慚愧，從此以後也不再提牛弼殺牛的事

了。弟弟聽說之後，感覺很慚愧，因此收斂了許多。

辦公室中，同事都是朝夕與共的工作夥伴，並沒有什麼深仇大恨，何必非要爭個你死我活才肯罷手呢？就算你贏了，大家也會對你「另眼相看」，甚至會覺得你是個對人不留餘地，不能容人的人。何不退讓一步，讓別人領略一下自己能屈能伸的大將風度呢？

忍一時風平浪靜，退一步海闊天空。沒有必要凡事斤斤計較，得理不饒人，豁達地面對一切吧。

職場診療室

以針尖對麥芒之勢對待競爭對手，也許會出一時之氣，但你們的爭執在別人眼裡常常會變成一場鬧劇或背後議論的焦點。別以為爭辯是在顯示你的伶牙俐齒，為了個人利益而大動肝火，會讓別人覺得你原來竟是如此的「小肚雞腸」。不論在什麼情況下，與你的同事發生正面衝突，都是愚蠢的做法，不僅會招致同事的鄙視，更會使上司產生對你的負面評價。

低調做人，贏得人緣

職場的大忌是過分張揚自己。也許你的確能力超群，成績出眾，但這時候你就該注意自己是否照顧到了同事們的情緒。否則你會遭遇一些意想不到的阻力。

子瑜是個精明能幹的女子，年紀輕輕便受到老闆的重用，每次開會，老闆都會問問子瑜，對這個問題怎麼看？你覺得那個計畫怎麼樣？子瑜的風頭如此之勁，公司裡資格比她老、職位比她高的員工多多少少有些看不下去。

子瑜的觀念很前衛，雖然結婚幾年了，但打定主意不要生孩子。這本來

只是件私事，但卻有好事者到老闆那裡吹風，說她官欲太強，為了往上爬，連孩子都不生了。這個說法一時間傳遍了整個公司，子瑜在一夜之間變成了「當官狂」。此後，子瑜發覺，同事看她的眼神都怪怪的，和她說話也盡量「短平快」，一道無形的屏障隔在了她和同事之間。子瑜感到很委屈，她並不是大家所想的那麼功利呀，為什麼大家看她都帶有敵意？

在職場中，鋒芒太露，又不注意顧及周圍人的感受，產生這樣的結果並不奇怪。她並非是目中無人，只是做人做事一味高調，不善於適時隱藏自己的鋒芒。

當然，除了在得意之時不要張揚外，在失意的時候，也不能在公開場合向其他人訴說種種上司或同事的不對。否則，不但上司會厭煩你，同事們也會對你產生反感，你以後在單位的日子肯定不好過。所以，無論在得意還是失意的時候，都不要過分張揚，否則只能給自己的工作帶來障礙。

低調做人，是讓你不要太招搖，不要有點小本事就拿出來顯擺。作為一名聰明的員工，不要有事沒事就往主管跟前湊，然後做出一副老闆面前紅人的模樣給同事看。很多時候，很多事情，自己心中有數就可以了，沒必要拿出來炫耀。自己的本事，可以慢慢拿出來用，在別人最需要的時候拿出來，幫助別人，才會讓你成為最受歡迎的人。

富蘭克林年輕時，有一次去一位前輩的家中做客。當他昂首挺胸走進一座低矮的茅屋時，「嘭」的一聲，他的額頭撞在門框上，青腫了一大塊。老前輩笑著出來迎接說：「很痛吧？你知道嗎？這是你今天來拜訪我最大的收穫。一個人要想洞明世事，練達人情，就必須時刻記住低頭。」富蘭克林記住了，也就是他成功的原因之一。

低調是一種謙遜的態度。低調做人意味著在與人相處過程中能夠保持一種低的姿態，不招搖、不顯示自我，對他人要有一個感恩的心，不要向他人

提出過高的要求。這樣不僅可以保護自己、融入群眾，與人們和諧相處，也可以讓你積蓄力量、悄然潛行，在不顯山不露水中成就事業。低調做人，才能把自己調整到以一個合理心態去踏踏實實做事。

學會低調做人，就要不喧鬧、不矯揉造作、不無病呻吟、不假惺惺、不捲進是非、不招人嫌、不招人嫉，即使認為自己才華橫溢，能力過人，也要學會藏拙。這樣才能時時受到歡迎和他人的尊重，並且擁有一個好人緣。

> **職場診療室**
>
> 職場的大忌是過分張揚自己。也許你的確能力超群、成績出眾，那你就更該注意自己是否照顧到了同事們的情緒。低調是一種謙遜的處世態度。低調做人意味著你在與人相處過程中能夠保持一種低的姿態，不招搖、不顯示自我，對他人抱有一顆感恩的心，不向他人提出過高的要求。這樣不僅可以保護自己、融入群眾，也可以讓你暗蓄力量、悄然潛行。

不可輕易得罪小人

很多大英雄大豪傑在臨終的時候，覺得最痛恨的人往往不是自己的勁敵，從他們的牙縫裡常常會擠出兩個字：小人。如此看來，「小人」的確不小，他們的能量大著呢！「小人」們經常裝出種種可憐的樣子，以博得你的同情和幫助，當你失去利用價值的時候，他們就可能反過來咬你一口。螞蟥的可怕之處在於，它們常常會以不經意的親熱方式去吸人血，而小人比螞蟥更可怕。

所謂「明槍易躲，暗箭難防」。辦公室裡時刻都有這種小人存在，他們挖空心思地尋找漏洞，然後見縫下蛆，當蛆長大了，爬上你的桌面時，那種場

景會讓你非常噁心。但是，他們做得非常巧妙，不到關鍵的時候，他們不可能讓你知道蛆的存在，到了關鍵的時候，你就是知道了，也已經來不及了，這也是他們高明之處。

「小人」是引起一個團體紛擾的罪魁禍首，他們造謠生事、挑撥離間、興風作浪，令人討厭，所以人們對這種人不僅敬而遠之，甚至還抱著仇視的態度。

仇視小人固然足以顯出你的正義，但在人性叢林裡，這並不是保身之道，反而凸顯了你的正義的不切實際，正是因為你的「正義」公然暴露了這些小人的無恥、不義，所以才使得辦公室裡「硝煙四起、戰火不斷」。

小人也會保護自己，他們一般不會讓自己被當眾揭穿，他們總要披一件偽善的外衣。而你特意凸顯的「正義」，卻照出了小人的原形。這不是故意和他們過意不去嗎？君子不畏流言、不畏攻擊，因為他問心無愧；小人看你暴露了他的真面目，為了自保，為了掩飾，他會對你展開強烈反擊。也許你不怕他們的反擊，也許他們也奈何不了你，但你要知道，小人之所以為小人，是因為他們始終在暗處，所採用的始終是不道德的手段，而且不會輕易罷手。你不要以為自己不怕他們的攻擊，看看歷史的血跡吧，有幾個忠臣抵擋得過奸臣的陷害？

所以，和小人保持一定距離才是明智之舉，沒有必要疾惡如仇地和他們劃清界限，他們也是需要自尊和麵子的，何況你也不可能完全「消滅」小人。因為「小人」是一種人性現象，而人性是亙古長存的，因此不如和他們保持一種「生態」上的平衡。

在辦公室裡要想與「小人」和平相處，你要做到以下幾點：

一、要有大度的氣量。

與心胸狹窄的人相處，肯定會發生一些不愉快的事，如果缺乏氣量，與之斤斤計較，就無法相處。相反，如果氣量大度，胸懷寬闊，就會使那些不愉快化為烏有，同時，對心胸狹窄的人也是個教育。

二、要有忍讓的精神。

有人因心胸狹窄，做出了對不起你的事來，你應該忍讓。忍讓，絕不是軟弱，而是心胸寬闊、風格高尚的表現。提倡忍讓，並不意味著放棄原則。心胸狹窄的人極容易錯誤地猜想形勢，錯誤地對待人和事。因此，對心胸狹窄的人發揚忍讓精神，絕不意味著遷就他的錯誤。對他的心胸狹窄忍讓，但對他的錯誤思想和行為絕不遷就。

容忍別人對自己所犯的過錯，不記仇，給他以希望，他自然會對你有所感恩，將這份報恩的感情藏於心中，日後總要尋機將這份恩情還回去。當然，我們所做的這些，目的並不是貪圖他人的回報，如果真是那樣的話，反而會讓人瞧不起。

三、要避免給自己樹敵。

在工作和生活中，誰都明白「多個朋友多條路，多個敵人多堵牆」這個道理。樹敵過多，不僅會使自己在生活中邁不開步，即使是正常的工作，也會遇到種種不應有的麻煩。

如果你因為自己的過失而傷害了別人，你應及時道歉，這樣的舉動可以化敵為友，消除對方的敵意。「不打不相識」這一諺語就包含了這一哲理，既然得罪了別人，當時你自己一定得到了某種「發洩」，與其等別人「發洩」回來，倒不如主動上前致歉，以便盡釋前嫌。

第十章　左右逢源：做一個人人喜歡的小小鳥

有很多人只注重搞好與重要人物的關係，而對位居其次的人或是暫時處於低谷的人多半瞧也不瞧。這種從眾的冷漠態度很容易令對方誤會，一旦你有求於他，他對你根本沒有好感，自然也不會伸出援手。

在公司工作的年輕人許光漢，工作能力強，為人機靈，很受大家的喜愛與認可。可是，令人奇怪的是，許光漢對「第一把交椅」的態度總是公事公辦，不遠不近，保持一定的距離，而對並無多大實權的「第二把交椅」卻十分熱情。

許光漢自有他的道理，「第二把交椅」是個尷尬的角色，雖是主管，卻總不為人所重視，如果自己和大家一樣對他不冷不熱，也就是無形中把他排斥出去。雖然討好他不一定能造成什麼好的作用，但是如果他在背後給你「上點眼藥」的話，那也是吃不消的啊。許光漢親近「第二把交椅」的目的，其實並不是想與他結下多深的交情，他只是不想讓自己多樹一個敵人而已。

如果你不小心與別人結下了「樑子」，想化解自己與他人結下的仇怨，緩解緊張的關係，最好的辦法莫過於以德報怨，寬懷待人。然而，要做到忍而不爭，這卻需要很大的毅力和勇氣去忍受他人對自己的傷害，更需要寬廣的胸懷。

職場診療室

寧可得罪十個君子，也不要得罪一個小人。「小人」喜歡在同事之間無事生非、挑撥離間，因而令人十分討厭。然而，誰也無法拒絕小人的存在。唯一的辦法就是，我們要多聽、多看、多想，明辨是非，認清小人，和小人保持一定的距離，這才是明智的職場生存之道。

第十一章
八小時裡的人生：自己掌控話語權

我的生活原則是把工作變成樂趣，把樂趣變成工作。

—— 艾伯樂

一般人總是等待著機會從天而降，而不想努力工作來創造這種機會。當一個人夢想著如何去賺五萬英鎊時，一百個人卻乾脆夢著五萬英鎊就掉在他們眼前。

—— 米爾恩

怎樣擺脫被遺忘的角色？

你是不是每天都在勤勤懇懇、任勞任怨地工作，永遠遵守勞動紀律，從不遲到早退，自認為工作業績也還不錯，可是升遷加薪這樣的好事卻從來與你無緣？與那些人人歡喜、左右逢源的「小小鳥」相比，你這頭「吃的是草，擠出來的是奶」的「老黃牛」，為什麼總是居於人下呢？

其實，每個企業都會有這樣一種員工，他們工作努力，甚至業績出色，並且很得上司的信任，可是一旦出現提升機會，他們卻又永遠是那些最先被遺忘的人。僅僅工作出色並不能保證自己在公司裡穩步升遷。問題到底出在哪兒呢？這就要找出阻礙你晉升的原因，不僅要從企業的角度考慮，還要從自己個人角度來進行分析，考慮其應對之策。不能單純「埋頭」工作，要想獲得上司的認可，獲得晉升，還需要「職業謀略」。

工作難度決定職位高度

如果問大多數人，什麼才是動人的業績，他們所能想像的會是超出預期的成就。這樣的回答非常正確。

但是，要想獲得提升，更有效的辦法則是拓展你的工作範圍，採取大膽和超出期望的行動，樹立新的觀念、採納新的流程，那樣不但會提高你自己的業績，還會對你所在的部門甚至整個公司的業績做出重大貢獻。改變自己的工作方式，讓你周圍的人都能幹得更出色，讓老闆更有面子。不要只做那些期望之內的事情。

多年前，塞納先生在 GE 公司的實驗室工作，負責開發一種名叫 PPO 的新型塑膠。有一天，公司的某位副總裁來到他工作的小鎮，上司安排由他介紹開發項目的最新進展。為了證明自己的實力，塞納提前一週加班準

備材料，不但分析了 PPO 的經濟效益，還探討了該產業中的其他工程塑膠的前景。他最後遞交的報告包括了一個五年展望計劃，與杜邦、塞拉尼斯 (Celanese) 和孟山都（Monsanto）生產的同類產品的成本對比報告，以及一份 GE 應該如何爭取競爭優勢的要點大綱。

毫不誇張的說，這讓他的上司和副總裁感到非常震驚。他們對此事的積極反應讓塞納深深明白，向別人交出超過預期的業績將會給自己帶來非常好的職業前景。

無論你從事何種工作，擔任什麼樣的職務，只要有可能，請想方設法增加你的工作難度。多擔待一些責任，不斷提高工作標準，主動請纓解決工作中的疑難問題。雖然在短期內你或許不會收到什麼好的效果，但你如果就此養成一種良好的習慣，用不了太長時間，你的個人價值便會在公司內甚至在產業內不斷攀升，因為你加在自己工作上的難度，無疑決定了你工作的高度 —— 一個能主動要求承擔更多責任或有能力承擔責任的人，任何老闆都會需要，這樣的人從來都不愁沒有發展和壯大自己的機會。

萊希曾是房地產公司的經理助理，那是位於美國伊利諾伊州的一家房地產公司。她主動承擔起了幫助經理順利發展工作的職責，而那樣做意味著她的工作職責擴展到了相當於一個辦公室主管的範圍。後來，她擔任了這家公司的副總裁。

萊希自己介紹說：「當經理不在時，我就擔負起了運營的全部職責。這個工作對我來說難度很大，但我想知道自己到底行不行。」

公司的老闆梅諾拉對萊希欣賞備至，他說：「如果她不自己做給我看，我不會知道她在這方面的能力狀況。任何老闆都在尋找這樣的人，她能自動承擔起責任和自願幫助別人，即使沒有告訴她要對某事負責或者對別人提供幫助。」

貨運公司的員工羅德里格斯，是另一個類似的例子。

米莉剛開始是貨運公司的一名普通職員，工作不久，為了改良工作方法，她主動提出從海外貨物儲備到預付款的管理以及貨物運輸，所有的服務和市場行銷領域都應當運用後勤管理學的原理。為了落實這一想法，她擔負的責任不斷增加，也使得自己在老闆心目中的地位更加重要。

不久，她便成為舊金山分公司的運輸主管。

對此，她的老闆說：「她為公司提出的建議不算新鮮，但完成起來很難，她很主動，而且完成了，她自然不會再是一名普通的職員。」

如果能主動積極地擴展自己的職責，增加自己的工作難度，提升自己的工作標準，你不僅可以得到更多的回報，而且，在這個過程中還可以學到更多的東西，從而有助於你更得心應手地把昔日的優勢轉變為未來的機會。

1997 年 8 月，中國海爾公司為了發展整體衛浴設施的生產，33 歲的魏小娥被派往日本，學習掌握世界上最先進的整體洗手間生產技術。在學習期間，魏小娥注意到，日本人試模期廢品率一般都在 30％～ 60％，設備調試正常後，廢品率為 2％。

「為什麼不把合格率提高到 100％？」魏小娥問日本的技術人員。「100％？你覺得可能嗎？」日本人反問。從對話中，魏小娥意識到，不是日本人能力不行，而是思想上的桎梏使他們停滯於 2％。作為一個海爾人，魏小娥的標準是 100％，「要麼不做，要做就做到第一」。她拚命地利用每一分每一秒的學習時間，三週以後，帶著先進的技術知識和趕超日本人的信念回到了海爾。

時隔半年，日本模具專家宮川先生到中國訪問，並見到了「徒弟」魏小娥，而她此時已是海爾衛浴分廠的廠長。面對著一塵不染的生產現場、操作熟練的員工和100％合格的產品，宮川先生驚呆了，反過來向徒弟請教問題。

「有幾個問題曾使我絞盡腦汁地想辦法解決，但最終沒有成功。日本衛浴產品的現場混亂不堪，我們一直想做得更好一些，但難度太高了。你們是怎樣做到現場清潔的？100%的合格率是我們連想都不敢想的，對我們來說，2%的廢品率、5%的不良品率天經地義，你們又是怎樣提高產品合格率的呢？」

「用心。」魏小娥簡單的回答又讓宮川先生大吃一驚。用心，看似簡單，其實不簡單。

一天，下班回家已經很晚了，吃著飯的魏小娥仍然在想著怎樣解決「毛邊」的問題。突然，她眼睛一亮：女兒正在用手動削鉛筆機削鉛筆，鉛筆的粉末都落在一個小盒內。魏小娥豁然開朗，顧不了吃飯，馬上在燈下畫起了圖紙。第二天，一個專門收集毛邊的「廢料盒」誕生了，壓出板材後清理下來的毛邊直接落入盒內，避免了落在工作現場或原料上，也就有效地解決了板材的黑點問題。

魏小娥緊繃的質量之弦並未因此而放鬆。試模前的一天，魏小娥在原料中發現了一根頭髮。這無疑是操作工在工作時無意間落入的。一根髮絲就是廢品的定時炸彈，萬一混進原料中就會出現廢品。魏小娥馬上幫操作工人統一製作了白衣、白帽，並要求大家統一剪短髮。又一個可能出現2%廢品的原因被消滅在萌芽之中。

2%的責任得到了100%的落實，2%的可能被一一杜絕。終於，100%，這個被日本人認為是「不可能」的產品合格率，魏小娥做到了，不管是在試模期間，還是設備調試正常後。

1998年4月，海爾在全集團範圍內掀起了「向洗衣機本部住宅設施事業部衛浴分廠廠長魏小娥學習」的活動，學習她「認真解決每一個問題的精神」。

人之所以失敗，並非因為沒有理由向困難挑戰，而是因為有太多理由在困難面前退縮。他們認為加大工作的難度，提高工作標準，顯然是給自己製造麻煩，因此在工作上不求有功，但求無過，使自己的人生在平庸的工作中徹底墜入平庸，永遠與升遷加薪無緣。

事實上，在競爭十分激烈的現代社會，對於很多面向多元發展的公司而言，員工不求有功便是有過，長此以往，難免不會在某天清晨起來發現自己已被競爭者淘汰。

職場診療室

要想獲得提拔，更有效的辦法則是拓展你的工作範圍，採取大膽和超出期望的行動。樹立新的觀念、採納新的流程，那不但會提高自己的業績，還會對你所在的部門甚至整個公司的業績做出重大貢獻。改變自己的工作方式，讓你周圍的人都能幹得更出色，讓老闆更有面子——而不是侷限於做那些在期望之內的事情。

讓自己變得不可或缺

職場上，充分利用自己的優勢和資源，抓住機會，讓自己成為公司的核心人物，成為一個原子核，你才能不斷獲得加薪升遷，才能在工作中立於不敗之地。

李義偉已經在某公司工作了近 10 個年頭了，但是他的薪水卻從來也沒有增加過，而且似乎從來也沒有一點要增加的跡象。終於，有一天他實在忍不住心中的鬱悶當面向老闆訴苦。但老闆卻很坦然地說：「你雖然在公司待了10 年，但是你的工作經驗和工作技能卻是不到 1 年，現在也只是勉強達到新手的水平。」

　　生活中，像李義偉這樣的人可謂大有人在。他們經常覺得自己為公司做了不少事情，但卻總像是一縷青煙一樣地飄過，沒有任何效果，絲毫也不能引起老闆的重視。這種現象的確存在，很多人默默無聞地為公司做了許多事，但是，每當公司在精簡人員時，這些人卻被排在了首位，為什麼會這樣呢？我們在抱怨遭受不公平待遇時，應該看到事情的癥結所在，如何解決這樣的問題。

　　其實，很多人雖然為公司做了很多事，但卻總是在裁員時「首當其衝」，其中一個很重要的原因就是雖然你做了許多工作，但是在老闆眼裡，你的工作任何人都可以勝任。如果你不能獨擋一面，自然就變得可有可無；反之，如果你能夠讓自己在某個職位上變得不可替代，即使你的職位很低，也會成為公司不可或缺的人才。

　　阿傑是倫敦一家五星級大酒店的小廚師，他外表憨厚，言詞木訥。他的老闆甚至一度想辭退他，因為阿傑身上實在沒有什麼特別的長處，他做不出什麼上得了大場面的佳餚，只是在後廚打打下手。但阿傑卻會做一道非常特別的甜點：把兩只蘋果的果肉都放進一隻蘋果中，而將果核巧妙地剔除，可是從外表看來一點也看不出這是由兩只蘋果拼起來的，就像是天生的蘋果一樣。而且這道甜點吃起來特別香甜。阿傑非常喜歡做這道甜點，只要一有空閒他就研究這道甜點的製作和改良。有一次，一位長期包住酒店的貴夫人偶然發現了這道甜點，她品嚐後非常欣賞，並特意約見了做這道甜點的阿傑。後來這位貴夫人時常邀請她的朋友來這家酒店，目的就是為了品嚐這種甜點。因此，阿傑不但沒有被老闆解僱，甚至他的薪水還有了很大的提升。

　　如何讓自己成為那個不可或缺的人呢？要想不被人替代，你就得有一手絕活，你一定要發現自己在哪個方面最閃光。就如上面故事中的阿傑，他不會做上得了大場面的佳餚，但他憑藉做蘋果甜點這一項特殊的技能不僅獲得

了老闆的認可，而且自己的待遇也有了顯著的提升。可見，如何讓自己變得更加重要，是在公司得到發展的關鍵。因為一旦你是一個不能獨立工作的人，那就會成為公司裡可有可無的人物，而這樣的人在現實中最容易被淘汰。因此，要想不可替代，必須能獨立完成自己所從事的工作。

宋志強是機械系畢業的，主要方向是機械設計，他工作不久後，建築公司接到一個利潤可觀的案子，可是時間很緊急，人手比較缺乏。這時，工作時間不長的宋志強接到其中一個項目的圖紙設計，但是，他是助手，主要負責人是一個在公司工作多年的工程師。可是，事情突然有了變化，他們工作兩天後，負責人患上了急性闌尾炎住院了，這對於公司可是臨陣缺將，因為這時候沒有更合適的人選來承接工作。實際上，這時的宋志強對這個案子心裡已經有數了，他非常有信心做好這個圖紙。於是，他自告奮勇地向老闆保證能夠獨立完成這項工作。

儘管老闆對這個剛從學校畢業的年輕人印象不錯，因為公司在應徵時從學校了解到宋志強的一些情況，認為他是一個可以培養的人才，還因此讓此次項目的負責人對宋志強進行培養和考核。但是，他畢竟是新手，能否獨立完成好這個工作還存在疑問，可問題恰恰出現了，也只能把案子委派給他。

宋志強得到授權後，全力以赴完成這項工作，一個星期裡，他幾乎是廢寢忘食。功夫不負有心人，他如期完成了工作，圖紙也得到了客戶的讚賞。因為這件事，宋志強在老闆心目中的分量加重了 —— 宋志強不僅具備能力，而且能在危急之時能獨立承接工作，正是公司需要的人才。又經過幾次考核之後，老闆毫不猶豫地讓宋志強擔任了設計部門其中一個工作組的組長，事實證明老闆的決策是正確的，宋志強的表現果然不負眾望，他的職位也一升再升，成為公司不可替代的優秀員工。

宋志強自己說：「我在一開始就不願意被別人帶著工作，能夠獨立承擔任

務，對於我來說更有利，更能發揮出我的專長。」

其實，每個人都一樣，當你能夠獨立承擔起工作責任時，你就成為了一個不可替代的人。想要最大限度地發揮自己的才能，獨立自主非常重要，因為有能力也必須要有發揮的空間，如果受別人影響和牽制，抑或是依賴於別人，就很容易喪失自我的特點。受別人的影響，按照別人的想法來做事，就無法發揮出自己的能力。

職場上競爭激烈，如果自己稍微落後，就會把很多機會留給別人，對很多人來說，獲取一個職位可能是輕而易舉，但如果想要讓自己獲得更多的認可，唯一的方法就是能夠獨立承擔工作任務。這一點適用於很多場合，而且也是員工能夠得到承認的最有效的方法。

何英治是一家網路公司的技術骨幹，對於軟體開發業務十分精通，並且有三年同產業從業的經驗。公司在電子雜誌、網路電視開始盛行的情況下，決定拓展業務範圍，辦一家網路電視台。何英治很早之前就對網路電視有所關注，喜歡看足球比賽的他，很早就透過一些網路影片觀看電視台不轉播或者沒有即時轉播的球賽。因此他對影片傳播的技術問題十分熟悉。何英治關注的互聯網產業的發展趨勢，跟公司的計劃也不謀而合。因此，在公司籌建新的部門之初，何英治就被吸納進來，擔任技術主管。新業務的拓展對公司至關重要，何英治在公司的地位也因此直線上升，成了老闆身邊不可缺少的重要人物。

在工作中只有讓自己變得不可缺少，你才能真正掌握自己的職場命運，贏取高薪自然也就水到渠成。

被很多人崇拜並學習的李開復先生認為，成功就是在於讓別人無法離開你。在李開復看來，自己始終在一個形如精密儀器的群體中發揮制動作用，是成功的最大體現。當初李開復頂著各種輿論的壓力從微軟跳槽到 Google

的原因也正是如此。對他來說，在微軟這樣一個龐大而成熟的企業中，雖然在大的平台上自己的能力在不斷增強，但個人的能量相對於日益擴展的微軟而言越來越弱化。當自己在公司的重要性越來越弱時，你就有隨時被別人代替的危險，正是基於這方面的考慮，李開復才會果斷地選擇跳槽。

李開復認為，很多人以自己能夠管理多大的團隊為衡量自己事業成功的標準，但是，如果領導一個擁有 1000 人的成熟的團隊，自己的能量可有可無，其實遠不如在一個只有 50 人的團隊中做不可或缺的一環。因此，每個人在選擇工作時，不要問新單位的名氣和規模如何，在新單位裡能夠擔任什麼職位，而要考慮因為有「我」，新單位會有什麼不同。而這，也正是你獲得高薪的途徑之一。

> **職場診療室**
>
> 社會上出色的人很多，想要達到真正的完全不可替代是不可能的。但是，這個概念是有百分比的。對於公司來說，更換員工通常要付出一定的成本，當你能承擔起某些重要工作並能出色地完成時，不可替代的百分比就會增大，出於成本考慮，公司就不會輕易換人。

打造自己的產業品牌力

對於每一個職場中人來說，個人品牌是客觀存在的，但讓其自然成長還是潛心打造，效果大不相同。成功的個人品牌都是潛心打造的結果，只有有意識地去打造個人品牌，才能使你的職場身價不斷攀升。

簡單地說，個人品牌價值，就是給自己一個獨特的定位，讓自己的特質從人群中凸顯出來。個人品牌的重要性之所以日益突顯，是因為現代職場已經發生改變，個性的年代需要你的獨特個性，僱主是因為你表現出來的獨特

價值而僱傭你。有效的包裝不僅適用於產品推廣，也同樣適用於個人的職業發展。而打造個人品牌就是這樣一種包裝手段。

建立個人品牌，首先要進行「品牌定位」，弄清以下幾個問題：

① 你想要成為什麼？

② 你的工作有價值嗎？

③ 你有價值嗎？

個性不同，每個人的品牌定位就不同。你要找出自己與他人不同的特點：

① 別人認為你最大的長處是什麼？

② 你最值得別人注意的特點是什麼？

具有個人職業品牌，其姓名不僅僅是一個代號，而且是包含了知名度、名聲、忠誠度和僱主滿意度的一個品牌。經營個人職業品牌如同經營商品品牌一樣，核心就是設計、規劃、經營自己的職業生涯。根據職業生涯的發展特點，職業品牌包括定位、承諾、推廣、包裝等經營策略，所有的經營策略最後都是為了實現一個目標，即形成個人職業品牌合力 —— 知名度、美譽度、忠誠度和僱主滿意度。

如何用專業視角來看待自己的職業生涯規劃，來設計、規劃、經營自己的職業生涯？讓我們先來看看職業品牌的經營路線：承諾 —— 定位 —— 推廣 —— 包裝

(1) 承諾 —— 你能提供的核心價值。承諾是區別於競爭對手（其他職業品牌）的核心競爭力和核心價值，是希望提供給目標僱主群的品牌感覺。

(2) 定位 —— 你想要實現的職業目標和個人特質的最佳結合。如果自身的職業特色和職業利益能很好地結合，而這又恰好是目標僱主群所需的，職業品牌的經營就會有完美的結局。

(3) 推廣 —— 你的價值如何體現、由誰來體現。個人職業品牌永遠離不

開僱主品牌。如果你任職於世界 500 強企業，你可能不需要刻意地為自己做推廣，只要恪守職業本分，廣結善緣，僱主的成長足夠讓你的職業品牌在業內形成知名度、美譽度。

(4) 包裝 —— 你的品牌個性。職業品牌的外在包裝就是你的職業個性體現，如何將自己的技能和工作的風格形成可辨識、可接受的特色，這是建立職業品牌的關鍵。精深的專業技能是個人品牌建立的首要元素，是個人品牌的核心內容。其次是良好的職業素養，職業品牌的建立範圍應該是在一個既定的企業內，取得輝煌的業績，贏得同事的認可，然後樹立外界對你綜合素養的認可。

那麼，我們該怎樣塑造職業品牌呢？

一、打開門，走出去

唯有打開封閉自己的那扇門，你才能接觸到外面的世界，從而最終實現被外界接納和認可的個人職業品牌，這個過程的快慢將直接決定開門後的成功與否。無論你是否願意，開門都勢在必行。

1. 開同行交流之門

「物以類聚，人以群分。」要想在業內有更大的影響，就不可避免地要與同行交流、溝通，向同行學習。同行是冤家，但更是朋友，只有你的對手才能真正讓你進步。在活動中，一言一行完全會體現出個人胸懷，所以在和同行交流時更多地要抱著學習的態度、謙遜的品格。

2. 主動展示自己

每個人都要學會推銷自己，要把自己當做商品來主動宣傳，把自己的職業含金量表現出來。首先是「內秀」，即在內部一定要學會經營自己，在公司

的各種會議上做個有聲之人，多向董事會提建議，樹立企業內部的知名度和威信；其次是「外秀」，即在外部經常提出新觀點、新見解，時常爆冷門，不但要緊緊跟住潮流，還要主動創造潮流，時刻讓自己走在別人前頭。

3. 與時俱進

經常關注新聞報導，了解一些專業媒介的觀點和看法，及時準確地了解市場及產業的變化趨勢……一定要有自己的一套了解外部環境、收集資訊的方法。要知道，考慮如何能夠找到自己需要的資訊常常比考慮如何賺錢更重要，因為阻礙個人發展的原因往往是你掌握的資訊不夠。

二、分析產業及企業發展趨勢

如今企業併購的大潮一浪高過一浪，企業的生命週期也加速了新陳代謝的速度。把自己的職業命運掌握在自己的手中，透過各種職業生涯管理方式為自己的職業命運把脈，以最終促成個人職業品牌的可持續發展。

1. 分析產業發展趨勢

產業發展是個人發展的晴雨表，看產業晴雨變化即知自身價格高低。每個產業的知識儲備、工作經驗、技能掌握等都是不相同的，而且不同週期和不同階段都會出現不同的需求。如何在有限的時間內做出最被認可、最受關注的成績，那就只有跟進產業發展，高屋建瓴地把握全局，更透徹地了解產業趨勢，從而更具競爭力。

2. 分析市場發展趨勢

市場是職業品牌發展的風向球，所以你要學會心隨市場而動，及時了解市場變化，在被動的制約中爭取掌握最大主動權，在自身所涉及的產業中拓展成為市場專家。不要只侷限於對自身職務內容的關注，而忽略了真正的

「大局」。

3. 分析企業發展趨勢

企業是員工的衣食父母，而企業又以策略為重。不知道企業的發展策略，就不清楚自己的行動方向，因而也就難以實現自己的職業發展目標。要經常了解董事會的動態、從企業組織機構調整、相關應徵或裁員行動及市場拓展方向等，都能把握企業的總體走向。

三、改變自己的現狀

在提升自我、考慮追求個人進一步發展時，在權衡利弊使自己的個人利益最大化時，主動換位、換職、換企業，全方位使用內外跳槽，來謀求最有利的職業發展空間。

1. 在企業內部換職

巧妙的職位輪換是職業品牌的又一個發展契機，要順應企業的組織結構的變化調整。當你遇到了職業發展的瓶頸時，首先不要忽視在企業內部尋找出路的可能性，畢竟在這個企業工作了一段時間，對企業有足夠的了解和認識，更重要的是還可以填補自己跨職位經驗方面的競爭力缺陷。換位時要首先注意企業內部可利用的職位，做好相關準備。看看企業內部有哪個部門、哪些職位你能夠勝任並有較大的發展空間，有針對性地去爭取。

2. 跳槽

跳槽能讓職業品牌迅速提高含金量，這似乎是一條不變的真理。一般來說，工作 5 ～ 8 年內，職業發展處於快速成長期，如果舞台不足夠大，要麼一直困死在這裡，要麼轉身離開。當然，把自己一直關注和感興趣的產業與自己所從事的工作結合起來，這種跳槽才意味著身價的再提高。

當你準備「挪窩」時，要預先做好規劃安排，使自己遊刃有餘地接受新的挑戰。但要切記：當你尋求自身再提高時，切不可為一時之利而盲目跳槽，從而導致職業競爭力的下降。

職場診療室

個人品牌價值，就是給自己一個獨特的定位，讓自己的特質從人群中凸顯出來。個人品牌的重要性之所以日益突顯，是因為現代職場已經發生改變，個性的年代需要每個人都具有獨特的個性。有效的包裝不僅適用於產品推廣，也同樣適用於個人的職業發展，而打造個人品牌就是這樣一種包裝手段。

你的「身價」你做主

在職場上，每個員工都有自己的「身價」，而這個「身價」最直接最直觀的體現就是你的薪資。加薪是每一個職場人的夢想，也是許多人心中暗暗盤算的「陰謀」。既然能幫公司談成許多案子，也能為自己談成這筆生意吧！可是結果往往不盡如人意。究其原因，就是因為許多人不懂得加薪談判不能直來直去，而是要婉轉一點。換句話說，就是盡量用暗示的方法去達到自己的目的。

加薪談判和所有的談判一樣，談判前必須先稱稱自己的斤兩，再決定開口要多少。所謂薪水，其實就是你的表現和老闆給的待遇在中間匯合的那個點。如果你的表現老闆滿意，老闆給的待遇你也滿意，兩點基本上是契合的，雙方都滿意；如果你覺得自己表現很好，老闆給的待遇比預期的低，那就只有開口去「要」了。

不只是薪水，包括職位，有時候也得善於「要」，老闆才會給你，並非像

第十一章　八小時裡的人生：自己掌控話語權

大家所公認的那樣：你的表現達到了，自然就會給你相應的職位。要知道，老闆也是人，也有忘記的時候和看不到的時候。

能否「要」到你的預期利益，關鍵就看你怎麼去「要」。

南朝齊高帝有一次答應要任命張融為司徒長史，張融非常高興，一直引頸企望皇帝正式任命，但是始終沒有下文。張融實在等得不耐煩，只好想辦法暗示。

一天，張融故意騎著瘦馬晉見皇帝。皇帝覺得奇怪，於是問他：「你的馬太瘦了，你一天餵多少飼料呢？」張融回答：「一天一石。」皇帝又問：「不少啊！可是每天餵一石怎麼會這麼瘦呢？」張融又答：「我是答應每天餵牠一石啊！但是實際上並沒有給他吃那麼多，它當然會那麼瘦呀！」皇帝聽出言外之意，於是馬上下令正式任命張融為司徒長史。皇帝透過自己的行動兌現了諾言，而張融也透過自己的暗示得到了自己想要的職位。

既然是要，那就得講究點藝術。上述的這位官員張融，面對自己最大的頂頭上司，他的做法其實還是有一定的風險：萬一皇帝不高興，一怒之下把他現有的也給奪走了，甚至以「大不敬」的罪名把他殺了，他豈不是得不償失了嗎？封建社會，什麼樣的情況都會發生。而在現今社會，你的要求可以正當地提出來，不必擔心有「生命危險」。

例如你可以告訴老闆：「我在公司也做了這麼久了，對公司也有很深的感情。但現在我面臨『財務危機』，不知道該怎麼處理，所以來跟您商量一下。（先把老闆拉到同一邊，而不是對立。）您看，有沒有什麼辦法，讓我為公司多貢獻一些，並能交換多一點的待遇，以讓我渡過這個難關。如果公司一時之間真的有困難，而另一家公司表示可以解決我的問題，那麼，我可能只好轉到那家公司了。等將來『財務問題』解決了，如果公司需要，我還是希望回來，為公司再次效力。」

　　對身在職場中的人來說，求得高薪不是盲目而求，基本素養上的優勢是我們獲得高薪的關鍵。此外，還要對以下六個問題了解清楚、心知肚明，這樣才能衡量準確、有理有據、知己知彼、百戰百勝。

一、了解市場行情

　　目前，市場上對人才的需求如何？詳細點說，就是你自己屬於哪類人才，目前市場供求關係如何？未來五年內，此類人才的價值將是什麼走勢？對此你必須要做充分的了解，從而獲得清晰的職業發展思路，以應對日益激烈的人才競爭和變幻莫測的市場形勢。

二、了解產業狀況

　　要知道，你所在產業人才的數量以及企業對你的需求程度決定了你的個人價值。如果你是在一個處於下降趨勢的產業中，顯然難以長久地獲得高薪。所以，你的職業方向與目前正在呈上升趨勢的產業是否吻合，需要好好進行研究，尋找快速成長或高回報的產業、熱門產業或正處於上升趨勢的產業。所選產業有比較多的機遇，個人發展空間也自然比較大。

三、了解地域情況

　　各地域薪資差別很大，如果在台北、新竹、台中地區，薪資自然高於其它地區。薪資與區域差別關係密切，所以，向這些地區和城市流動，也是獲得高薪的一個好辦法。

四、了解企業經營

　　企業的高績效是員工高薪的保證，所以你要設法對想要進入的企業進行了解，比如，該企業的經濟實力如何？它的組織結構是否合理？技術是領先

還是陳舊？產品在市場上的覆蓋面和前景怎樣等等。你應該時刻關注企業的發展趨勢，了解產業的最新動態，並且思考企業在未來的發展趨勢中，需要什麼技術或才能，以便及早準備，使你的個人價值在持續挑戰中水漲船高，使自己成為企業需要的人才。這樣，你就能始終處於高薪階層。

五、了解老闆性情

在企業裡，老闆一般是透過員工的表現掌握其能力、品行與態度，決定對其是否重用。老闆通常都會喜歡敬業、肯做、踏實的員工。所以，對於員工而言，要想在企業有所作為，以本職工作為依託不斷努力，才能求得前途。要知道，在企業裡上至老闆，下至員工，每人該拿多少薪水，老闆心裡都有一桿秤。

六、了解自身能力

在要求加薪的所有理由中，什麼也比不上實力和業績更有說服力。高薪來源於個人工作的高績效，老闆付給員工薪水，就是期望員工完成自身工作所規定的職責和任務。但如果你能做出更高的業績，你就能獲得比別人更高的薪水。

還有，比如你要求老闆給你加薪 10%，因為你過去 5 年都沒有加薪，這個要求應該是合理的。但如果他一下子接受不了那麼多，你可以暗示他未來 2 年每年給你加薪 5%，這也是可以考慮的建議。由於把壓力分攤在兩年內，老闆也許就接受了。

當你打算向上司要求加薪的時候，首先要清楚你的貢獻和你的要求是否能夠相符，如果你的要求有點過分，那最好還是免開尊口，以免到時下不了台，最終面臨走人的尷尬結局。

職場診療室

什麼事情都要看勢頭、觀風向，加薪談判也是這樣。這裡要看的時機，涉及「大氣候」和「小氣候」。

「大氣候」是指公司的經營狀況，「小氣候」指的是老闆個人因素。如果「大氣候」沒問題，那就要關注一下「小氣候」是否適宜，比如老闆最近的心情如何，最近別的同事要求加薪是否成功。可以趁老闆高興的時候與同事一起要求加薪，但如果老闆最近心情不好，那還是過一段時間再說，免得老闆一下子碰到那麼多要求加薪的人而被搞得焦頭爛額，索性一個也不答應。

及時出手，抓住機遇

職場競爭，激烈而殘酷，在競爭中求得生存，在競爭中求得機遇，在競爭中求得高薪，在競爭中求得發展。職場需要每一個競爭者堅忍不拔、頑強打拚。職場不相信眼淚，你必須要學會善於尋找屬於自己的機會，從而提高自己的身價。

機遇總是稍縱即逝的，如果你不適時地抓住它，它很快就會溜走。有人抱怨自己的機會太少，總是一副懷才不遇的樣子，卻不知道其實不是沒有機會，而是沒有適時地抓住機會，把好的機會錯過了。

機遇不是運氣，它大多數時候需要你的努力才能得到，而運氣則更多的是一種偶然，是主動降到你頭上的一種「奇蹟」。

顯然，「天上掉餡餅」的運氣不是誰都能碰到的。換句話說，運氣是可遇不可求的，只能它找你，你卻沒法找它。而機遇則是可求的，你可以透過一系列的努力去得到它。

第十一章　八小時裡的人生：自己掌控話語權

　　一般來說，一個人能否在職場上獲得升遷，與他的工作質量、工作成績和工作態度是密切相關的。也就是說，在職場中，大多數的機遇和能力應該是劃等號的。機遇不是人人都有，但晉升卻是要靠真才實學。因此，要想把握晉升機遇，重要的是提高自身素養，不斷進取，勇於創新，在實踐中不斷提升工作能力，豐富工作經驗，取得事業的成功。機遇很少有外部的賞賜，而自身的努力可以創造機遇，真才實學可以留住機遇，卓越的工作成績可以把握機遇。

　　因此，在你看到機遇的時候一定要想方設法抓住機遇。「酒香不怕巷子深」的年代早已經成為過去，即使你是一塊寶石，如果埋在沙土中，不發出光芒，也不能被老闆發現。如果你不想永遠只是個普通員工，那就必須懂得把握時機，只有把握時機表現自己，你的光芒才能被老闆發現。

　　很多人不是沒本事，而是不知道如何讓老闆知道自己有本事。要創造機會與老闆接觸，讓老闆知道你，了解你。

　　在美國，有一個銷售人員盯住了一個大客戶。他多次約訪都被祕書擋在了門外。後來，他透過很多途徑了解到那位老闆的行程 —— 將從芝加哥飛往另外一個城市。在掌握了這位老闆的班機資訊後，他自己也買了一張機票。

　　候機時，他看到了那位老闆，表現出意外的樣子，很自然地上前搭話，「我是××公司銷售代表，曾經跟您聯繫過，給您發過郵件。」那位老闆很詫異，說，「哦，我聽祕書提起過，是你啊！」兩人隨即聊了起來，越聊越深入。下飛機後，該銷售人員順理成章拿下了這個大客戶。

　　在一個體系成熟的公司中，高薪總是與晉升關聯在一起的。如果你想要得到高薪，就不得不想辦法獲得晉升。而獲得晉升，不僅僅是靠你的能力，有時候還需要一些技巧。一般來說，那些有明確職業規劃的人到了一家新公司後，首先會去做兩件事情：一是分析他所在的企業是什麼樣的企業，二就

是分析他的老闆是什麼樣的老闆。分析的標準通常如下：

一、看企業成立時間

如果這是一個新興企業，那麼，它需要的是突破性人才，需要有衝勁的經理人，需要能夠單槍匹馬把事情搞定的員工。成立二十年以內的企業還處於高速上升期，就需要有突破能力、單項技能夠強的人。

二、看老闆個性

如果老闆有做百年老店的信念，他就需要一幫能與他一起做事業的人。他要物色的管理者和員工，大多是對企業發展有遠見和有幹勁的人。

當然，還有一個問題是，很多初入職場的人難以直接接觸到老闆。在這種情況下，就要學會有機會要上，沒有機會創造機會也要上。

麥肯錫有一個著名的「30 秒電梯理論」。在大企業，越級是比較忌諱的。當你有個好建議卻無法敲開領導者辦公室大門的時候，可以創造機會，與老闆同乘一部電梯。一幢 30 層的大樓，電梯從底層到頂層的時間大約是 30 秒。如果電梯裡就你們倆人，你就可以搭訕說，「您好，我是某某，我有一個建議不知跟您說是否合適？」他可能會「哦，啊」地跟你應付。30 秒後，如果他覺得你說的建議很有道理，他會說，「有時間跟你詳聊」。一般情況下，他回去就會告訴祕書，「我要和某某談談，幫我約個時間。」

類似的方法很多，當然情境未必非要發生在電梯裡，否則，辦公區是平房怎麼辦？

最關鍵的是，30 秒鐘時間，你說什麼？如何找到對方的興奮點，激發對方的熱情，變被動為主動，讓他來找你？一個計劃，如果策劃人在 30 秒內講不清楚，那就說明計劃有問題，而且操作性差；同樣，一個員工如果在 30

秒以內講不清楚所要表達的意思，講不清楚公司、所在部門以及他自己的任務，那麼，這個員工就已經不稱職了。

因此，要想抓住機會，就必須在平時的工作細節中，時時注意機遇的把握，這樣才能在恰當的時機，把自己的才能恰到好處地表現出來。

古時候，越王勾踐抓住了吳王夫差沉迷酒色，不理朝政的機會，趁機發展生產，增強國力，最終成就了一方霸業；而吳王夫差卻因錯過了徹底殲滅越國的時機，最終導致國破人亡。這就是抓住機遇和錯失機遇的結果差異。抓住了，你就能獲得成功，甚至從此一帆風順，仕途坦蕩；抓不住，很可能你這一輩子都不會再有機遇可言。畢竟，機遇不是人人都能遇到，而且，有的人一輩子可能只有那麼一次機遇。

一般來說，機遇會以下兩種形式表現出來：

一、開拓自己的事業而創造的機會

比如，你準備創辦一家公司，如果這個公司創辦成功，那你就為自己創造了一個位置 —— 即自己做老闆。如果公司辦不起來，那你就失去了這個位置。

是不是能夠為自己創造這個位置，完全取決於你的能力和努力程度，以及能否恰當地抓住創業機遇。

二、老闆委託你辦某件事而帶來的機會

比如公司要在另一個地方建立一個辦事處，老闆把這個任務交給你來完成，是你的一個機會，但你能否抓住機會，還要看你是不是能把這個辦事處建立起來。

要在職場做出成績，就一定要善於抓住機遇，讓自己成為一個「機遇主

義者」。但是做一個「機遇主義者」並不是要不擇手段地投機鑽營，而是要不斷錘煉和充實自己，巧妙地發揮積極性、主動性，從而找尋和發現一切可用的機會。如果能這樣做，那麼抓住機遇其實就不是很難的事情。

成功者並非天生就是機遇的寵兒，他們大多是在經歷了艱苦奮鬥之後才得到機遇女神的垂青。一個善於抓住機遇的員工是值得稱讚的，他們沒有理由不成功。做事業是這樣，做人更需要這樣！如果想要在工作中不斷進步，並取得成功，就應該為把握住機會而做好充分的準備，一旦時機成熟，成功就唾手可得了。

有個律師事務所接了一個大案子，這個客戶是世界最大的 IT 公司之一，客戶委託該律師事務所在跨國處理一個集商標、專利、侵權和訴訟的一個非常複雜的案件。

經過和客戶充分溝通以後，老闆認為這個案子極其複雜，工作量超乎尋常，而且時間緊迫，需要研究的案頭工作非常多。同時他明白這個案子不僅會給事務所帶來非常豐厚的經濟利益，更重要的是它的成敗可以給事務所在業界樹立更好的形象，具有深遠意義。於是老闆決定親自出馬，他要挑選幾個不同專業的助理組成一個專案小組。

他首先挑選了精通商標法和侵權案件的王律師和張律師，但是關於專利律師的人選，他舉棋不定了。這個案子最複雜的部分就在專利方面，從手頭上的專利文獻和資料看，客戶的好幾個專利存在著被其他企業侵權的問題，而同時也存在著專利無效的危險。他需要的律師不僅有超強的專業知識，而且需要他在極短的時間裡從龐大的資料堆中，發掘出最有價值和有說服力的證據來。

老闆想來想去，就是找不到合適的人選。無奈之下，他產生了一個新的想法，雖然這個想法有點冒險，也不一定可行，但他還是打算嘗試一下。

下班後，老闆叫祕書，讓他跟自己一起，在辦公區裡隨意蹓躂起來。邊走邊評價每個員工的桌面：「你看這個桌面，案卷亂七八糟地堆在桌上，文具也散落在整個桌面上。讓人感覺工作沒有章法，這是律師工作的大忌！」

　　「你再看看這個桌面，還有案卷沒有合上，資料有的沒有放進案卷夾裡，有的甚至沒有用別針別住，隨意地丟在台面上。他的工作似乎讓人不太放心。」

　　「再看這位仁兄，半杯剩茶壓在案捲上，杯子裡的茶垢已經烏黑，細節和品位都不怎麼樣。」老闆繼續往前走。

　　「慕容來我們所也有三年了吧？」祕書點頭稱是。說話間，他們已經來到慕容的桌前。他的桌面出奇地整潔，有兩疊案卷整齊地放在桌子的一端，每個案卷的封面上都有他自己用便利貼標註的時限，一疊是需緊急處理的，另一疊是非緊急的。桌面上的辦公用品，如訂書機、立可白、筆筒等都擺放得整整齊齊。而且，他的桌下也不像其他人那樣堆著諸如鞋子、袋子等雜物，除了電腦主機別無他物。

　　「我想讓慕容做我的專利助理來辦這個案子！」老闆像是在對祕書說，其實是在自言自語他的決定。

　　一週後，慕容隨老闆從美國開會回來，老闆興奮地對祕書說：「我沒有選錯人！透過幾天的會議，客戶對慕容的專業知識給予了充分肯定，特別是對於他提出的許多細節問題和周密的解決方案，讓美國的律師和工程師們刮目相看！我看出客戶對我們非常有信心！」

　　這個故事其實還是應了那句話：細節決定成敗！也可以說細節決定機遇！可見，機遇不在於臨時抱佛腳，而在於你的平時努力和工作積累。而一旦機遇來臨了，高薪還會遠嗎？

> **職場診療室**
>
> 我們不要被機遇的表面意思所欺，世界上從來沒有不勞而獲，天上掉餡餅的事情。所謂的機遇，永遠是努力之後創造出來的機會。那些所謂把握住機遇的成功者，在成功之前無一不是做了大量的功課，甚至是經歷了無數次的失敗之後才引來機遇的光顧。

人脈是你最大的存摺

人脈是一個人通往財富和成功的門票。一百多年前，胡雪巖就因為擅於經營人脈，才得以從一個倒夜壺的小差役·身成為清朝的紅頂商人。而今天，我們再回過頭來檢視政界、商界的成功人士，不難發現他們也大多是因為擁有一本厚重的「人脈存摺」，才有了現在的輝煌成就。

史丹福研究中心曾經發表一份調查報告，結論指出：一個人賺的錢，12.5% 來自知識，87.5% 來自關係。這個數據是否令你震驚？

哈佛大學為了解人際能力在一個人取得成就的過程中起著怎樣的作用，曾針對貝爾實驗室頂尖研究員作過調查。他們發現那些被大家認同的專業人才，專業能力往往不是重點，關鍵在於「頂尖人才會採取不同的人脈策略，這些人會多花時間與那些在關鍵時刻可能對自己有幫助的人培養良好的關係，在面臨問題或危機時便更容易化險為夷。」他們還發現，當一名表現平平的實驗員遇到棘手問題時，會去請教專家，卻往往因沒有回音而白白浪費時間；頂尖人才則很少碰到這種問題，因為他們在平時就建立了豐富的資源網，一旦前往請教，立刻便能得到答案。事實證明，一個人單獨思考的時代已經過去了，建立品質優良的人脈網為你提供情報，成了決定事業成敗的關鍵。

第十一章　八小時裡的人生：自己掌控話語權

俗話說「一個籬笆三個樁，一個好漢三個幫」，在競爭激烈的職場中打拚，身邊沒有幾個朋友是絕對不行的，朋友越多、成功的機會就越多。一個人的成功離不開周圍朋友的輔佐和幫助，單槍匹馬的人在這個重視合作的社會中注定要多摔幾次跟頭。因此，你要學會協調周圍的人際關係，多幾個朋友，少一些敵人，這將對你的事業成功造成至關重要的作用。

在生活中，為什麼有的人善於協調人際關係，有的人卻總是缺少朋友、形單影隻呢？首先，這與人的心態有很大關係，其次才是交際方法和手段的差異。一個人如果總是處於自我封閉的狀態，那麼他的人際關係必將受到嚴重的負面影響；而一個有著積極交往意識的人，一定比其他人更容易創造良好的人際關係網。

那些自我封閉的人就像契訶夫筆下那個「裝在套子裡的人」一樣，把自己嚴嚴實實包裹起來，總是陷入孤獨與寂寞之中。他們臉上很少能看到笑容，總是一副冷冰冰、心事重重的樣子，他們總是頑固地認為自己的人際關係問題主要原因都在他人的身上。這樣，人們自然不願意與這樣的人進行過多的交往，於是自我封閉的人就只能繼續孤獨下去了。

生活中，總是將自己封閉起來會使你在工作中處於孤立的位置，甚至會陷入被眾人排斥的困境。長此以往，不僅對自己的事業無補，而且還會阻礙個人職業的發展。現代企業更需要能夠和周圍人處理好關係的員工，尤其需要那些具有合作精神和團隊意識的員工，這無疑將有助於人們順利開展工作，也有助於整個團隊事業的順利完成。

根據人力資源管理協會與《華爾街日報》共同針對人力資源主管與求職者所進行的一項調查顯示：95% 的人力資源主管或求職者透過人脈關係找到適合的人才或工作，而且 61% 的人力資源主管及 78% 的求職者認為，這是最有效的方式。在他們曾做過的「最有效的求職途徑」調查中，「經熟人介紹」

被列為第二大有效方法。剛剛踏出校門的求職者更傾向於人脈對個人職業指導的作用，而隨著工作經驗的豐富，人們也看到了人脈關係對於工作業務發展以及跳槽晉升等機會的影響。

通常來說，機遇是在適當時候出現的適當的人、事、物的組合體。我們無法控制這種完美的巧合何時出現，唯一能做的就是透過拓展自己的人脈來給自己創造更多的機會。

事實上，身處在這樣一個資訊發達的時代，你只要擁有無限發達的資訊，就擁有無限發展的可能性。資訊來自你的人脈網，人脈有多廣，你的資訊就有多廣，這是你事業無限發展的平台。換句話說，職場人士最重要的資訊來源就是「人」。對他們來說，「人的資訊」無疑比「鉛字資訊」重要得多。越是一流的經營人才，越重視這種「人的資訊」，越能為自己的發展帶來方便。

柯力和維波同是貝爾實驗室的研究員。一次，他們同時接受了一項任務，為一家生物公司寫一份管理報告。老闆安排他們兩個人同時撰寫，從中選優，或者把兩人報告中的精華結合起來，以打造一份出色的報告。

柯力接受任務後，在最短的時間內收集到盡可能多的關於那家生物公司所使用的生物鑑定過程的資訊。在此過程中他想到了以前的一位同事，這位同事現在已經去了一家非常著名的生物公司工作，應該認識負責該生物公司產品鑑定的科學家。於是柯力馬上撥通了這位前同事的電話。果然不出所料，同事把他介紹給了那位科學家。柯力虛心向科學家請教，對方也很樂意向他提供他所需要的資訊，並立即透過電子郵件傳給他。僅僅通了兩個電話和一封電子郵件，柯力便獲得了報告中所需的關鍵資訊。

而維波在接受了任務後，把問題交給了社交媒體。結果第二天，有 40 位專家回答了他的問題。這些專家們的意見不盡相同，有些相互矛盾。他也

不知道誰的答案是正確的，因為他無從判斷這些答案的質量，最後完成的報告自然也不理想。

從這裡我們不難看出建立良好人際關係的重要性。一個人一旦踏入職場，光有主動性是遠遠不夠的，要想把事情做好，還必須建立起自己的人際網路。因為你掌握的知識是有限的，你無法獨立完成所有的任務，而你必須知道誰懂得你未知的資訊。即使是那些優秀的工作者，也需要一個龐大的專家體系來幫助他完成工作。

對於任何一位員工來說，專業技巧和積極主動的精神只是基礎，要被老闆重用，還要有廣泛的人脈網路，並能在工作中自我管理，確保高水平的工作表現。而且我們要認識到，充沛人脈不只是要和相同工作領域的同事打成一片，關鍵更在於透過資訊交換，與領域以外的專業人士建立起彼此信賴的溝通渠道，以減少在工作中碰到的知識盲點。這個以專業知識為主軸建立起的人脈網，可以讓明星員工比同事們更迅速地掌握資訊，提高生產力。

在今天，無論你身處哪一領域，人脈競爭力都是一個日漸重要的課題。專業知識固然重要，但人脈是一個人通往財富、榮譽、成功之路的門票，只有擁有了這張門票，你的專業知識才能發揮作用。

在證券投資領域，楊耀宇可算是一個知名人士，他將人脈競爭力發揮到了極致。他曾是統一集團的副總，退出後做了一名財務顧問，並兼任五家電子公司的董事，身價有 5 億元台幣之高。為什麼一個原本不起眼的鄉下年輕人到台北打拚幾年，就能快速積累起這麼多的財富呢？楊耀宇自己解釋說：「有時候，一個電話抵得上十份研究報告。我的人脈網路遍及各個領域，數也數不清。」

對於渴望獲得更大發展空間的普通職員來說，建立良好的人脈關係更是無比重要。只有建立起高質量的人脈網路，你在工作時才會常常得到幫助

和支持。

　　良好的人際關係對於我們每個人都非常重要。它能促進並建造和諧的生活和工作環境，使我們更加得心應手，並讓我們得到更多的認可和尊敬，人脈對順利開展工作起著不可估量的作用。無論你在什麼樣的企業工作，你都需要在企業內外建立起良好的人際關係網，這樣才能更有利於自己的發展。

　　那麼，在繁忙的工作中間如何營造一個舒適的工作氛圍，如何有效地運用你和他人的人際關係呢？有句話說得好：「要想釣住魚，就要像魚那樣思考。」也就是說，我們必須弄清楚魚在想些什麼，想吃什麼，然後投其所好。

　　當然，經營人脈資源不能簡單地理解為釣魚，但有些道理是相通的。首先，你要像對待尊貴的顧客那樣了解人脈對象的基本情況，比如：家庭狀況、收入狀況、學歷教育背景、興趣愛好、價值觀、工作生活習慣、職業理想或事業目標等各方面的細節，有必要的話還要在備忘錄或資料庫中記錄備份。其次，掌握人脈對象目前工作生活中最大的需求是什麼，最看重什麼，看看自己能為對方做些什麼，能幫上什麼忙，能提供些什麼參考建議等。第三，無論對方的需求如何千差萬別，但有一些基本需要是彼此相同的，那就是被讚美、被尊重、被關心、被肯定、被同情、被理解、被幫助等。透過適當的讚美、尊重、關心、肯定、理解等行為，讓對方感到你對他的重視，他對你很重要，自然對方就有一種滿足感。

職場診療室

在好萊塢流行一句話：「一個人能否成功，不在於你知道什麼，而是在於你認識誰。」卡內基訓練區負責人指出，這句話並不是叫人不要培養專業知識，而是強調：「人脈是一個人通往財富、成功的入門票。」在社會分工越來越細的今天，要想成功，就必須要邁過人脈這道檻。

不能把名利看得太重

名利是我們每個人都嚮往的東西，但我們為人處世不能把名利看得太重，適當地把自己裝扮得「超脫」一些，會給你帶來意想不到的好處。俗話說：該是你的推也推不掉，不該是你的搶也搶不來。如果你深諳其中的道理，那麼，在遇到事情時，不妨先讓一讓，擺出高姿態，也許等待你的將是更好的結果。

「天下熙熙，皆為利來；天下攘攘，皆為利往」。雖然追名逐利是人的天性，但是我們不能讓別人把自己看成「勢利小人」，否則，你在老闆和同事心中的形象就會大打折扣。追求名利要講究策略，如果為了爭一片樹葉而失去了整個森林，這種結果得不償失。另外，我們必須明白，隨著時間推移各項法律的逐步健全，在你爭取利益的時候，若不注意可能會觸犯法律法規。

吳松濤是一家投資公司的操盤手，他業務嫻熟，具有敏銳的洞察力，經常在瞬息萬變的股市中發現商機，並能果斷地買進賣出，加入公司一年後，便為公司賺了一大筆錢。

在年終的總結大會上，公司經理特地邀請吳松濤坐到自己身邊，也打算給吳松濤提拔一級。他高度讚揚了吳松濤的工作能力，也直言不諱地談到公司在股市的獲利主要歸功於吳松濤。

吳松濤聽後，心裡很受用，因為他自己也是這樣認為的，他甚至認為自己是公司員工的「衣食父母」，因為他為公司賺取了利潤，而有的同事卻給公司造成了不小的損失。但是，在會議結束後，當吳松濤打開「紅包」，看到公司的年終獎金與自己的期望值相去甚遠時，一種失落感油然而生。原本，他打算將這些抱怨和不滿壓在心裡，沒想到，兩個月之後的一次員工晉升，讓吳松濤的內心徹底失去了平衡 —— 一直被他視作競爭對手的另一位同事升遷

了，而且還連升兩級，自己卻在「原地踏步」。在吳松濤的心目中，和他同時進公司的這位同事是那種「成事不足，敗事有餘」的人，他因此對公司產生了難以言表的失望，竟然決定私下透過其他方式為自己討回「公道」。

後來，吳松濤偷偷地利用自己手中掌握的公司的帳戶，私下進行了幾次交易，並將營利全部裝進了自己的口袋。另外，他還擅自抽出公司的部分資金，借給了一個做生意的朋友作短期周轉，對方承諾付給吳松濤高額利息回報。但就在這位朋友把這筆資金歸還之前，公司在一次例行財務檢查中，終於發現了他挪用公款炒股和私自出借資金的行為。

由於吳松濤的行為已嚴重損害了公司的利益，公司立即停止了他的職務，並向警察機關報案。一心追逐名利的吳松濤由於過激的行為，終於受到了應有的懲罰，他的職場之路也就此中止。

令人遺憾的是，在很多企業裡，都不乏吳松濤這樣為了一己私利而不顧大局甚至法律的員工，本來等待他們的是晉升之路，但是他們卻為此而丟掉了「飯碗」，甚至鋃鐺入獄。事實上，有團隊才會有個人，團隊發展壯大了，個人的利益才會有保證。有的時候，當你把團隊的利益置於個人利益之上時，你獲得的將更多。

如果說企業是一個家庭，同事便是家庭的成員;如果說企業是一支軍隊，同事便是並肩戰鬥的戰友;如果說企業是一台機器，同事便是這台機器的一個個零件。家庭成員不和睦，日子就別想過得安穩;戰友之間不團結，必會削弱部隊的戰鬥力;機器某個零件出了毛病，整台機器便無法正常運轉。這個簡單的道理似乎人人都懂，但偏偏有一些人只顧自己爭名奪利，而不顧同事、不顧大局，致使同事之間雞爭狗鬥，企業自然也被這等人鬧得如同一盤散沙，毫無戰鬥力，公司老闆怎麼可能會重用、提拔這樣的員工呢？

所以，我們在工作交往中要做到：讓上級好領導、同級好共事、下級好

接觸。對待上級要做到：尊重有禮不恭維，服從領導不盲從，親近友好不庸俗，盡職盡責不越位。對待同級要做到：真誠相待不隔閡，相互信任不猜疑，彼此寬容不爭鬥，相互團結不拆台。對待下級要做到：尊重人格不戲耍，平等對待不疏密，任職給權不旁觀，解決難題不忘記。

在這個世界上，每個人都離不開名利二字，名是政治和精神的體現，利是經濟的支撐。作為一個把公司的事當作自己的事的人，不是不圖名，而是不圖虛名；不是不圖利，而是取財有道，不取無名之利；不是不要名利，而是不去爭名奪利。只有這樣，在職場上你才能有更好的發展，更大的作為。

職場診療室

公司的發展目標就是要實現公司利益的最大化，這就要求我們在鑄造團隊精神的過程中，一切工作要緊緊圍繞「公司利益」這個核心，個人利益堅決服從於集體利益，局部利益堅決服從於整體利益。我們應充分地認識到，公司的利益才是最根本的利益，只有公司的利益得以順利地實現，個人利益才能得到保障，個人才能有更好的發展。

以空杯心態致勝

領導者需要時刻保持空杯心態。什麼叫空杯心態呢？先來講一個小故事。

傳說，古時候有一個佛學造詣很深的人，聽說某個寺廟裡有位德高望重的老禪師，便去拜訪。老禪師的徒弟接待他時，他態度傲慢，心想：我是佛學造詣很深的人，你算什麼？後來老禪師十分恭敬地接待了他，並為他沏茶。可在倒水時，明明杯子已經滿了，老禪師還不停地倒。他不解地問：「大師，為什麼杯子已經滿了，還要往裡倒？」大師說：「是啊，既然已滿了，幹

嘛還倒呢？」

　　禪師的意思是，既然你已經很有學問了，幹嘛還要到我這裡求教？這就是「空杯心態」的起源。作為一名企業領導或主管，如果你想把工作做好，先一定要把自己想像成「一個空著的杯子」，而不能驕傲自滿，自視太高。

　　一位 MBA 學員接受記者採訪時說，自己參加 MBA 課程的最大體會是，參加任何一項學習，最重要的是要保持「空杯向上」的心態，這樣才能真正學到知識。

　　剛開學不久，這位同學按照老師的要求，針對某企業的技改項目，提交了一份作業。課堂討論時，同學們都覺得他的方案太「小家子氣」，認為他的設計只適合中小企業，因為他只考慮了降低成本的要求，卻沒有考慮到降低成本是以犧牲效率為代價的，因此，這個設計沒有任何實際操作價值。

　　這位學員當時很不服氣，老師就跟他講了上面那個「空杯」的典故。受到啟發後，他開始自我反思：自己是來自一家中等規模的民營企業，一直從事質量管理工作，平時都是審核各部門的資料並提出改進建議，溝通簡單，思維程式化，這使得自己在做課堂案例的時候，思維受侷限，而且不夠縝密。從此，他開始有意識克服自己這個缺點，讓自己始終抱著「空杯」的心態，向老師和其他同學學習。

　　一年之後，老師安排他負責 MBA 畢業典禮的會議現場總調度。他事先畫好了縝密的流程圖，將典禮的各個環節和各種細節都安排得井然有序，甚至連花盆的擺放、上台的路徑以及音響燈光等細節都不放過。為了應對可能出現的意外情況，他還專門安排了兩位有經驗的同學隨時待命，負責處理突發事件。而這些在他讀 MBA 以前是絕對做不到的。懂得控制重點和要點後，他逐漸感覺到自己的思維開闊起來，一步步實現了從小思維到大思維的轉變。

你有沒有這樣的時刻，覺得自己在某個領域掌握的知識和經驗已經足夠了？如果有，那說明你需要學習的東西還很多。林語堂先生曾經說過：「人生在世——幼時知道自己什麼都不懂，上大學時以為什麼都懂，畢業後才知道什麼都不懂，中年時又以為什麼都懂，到晚年才覺悟一切都不懂。」你現在處於哪個階段呢？認為自己什麼都懂，還是什麼都不懂？努力汲取智慧吧，不要等到年老的時候才追悔莫及。

　　英國著名科學家法拉第晚年的時候，維多利亞女王準備授予他爵位，以表彰他在物理、化學方面的傑出貢獻，但被他拒絕了。爵位可以不要，但物理、化學的最新發展卻始終讓法拉第放不下。退休之後，他經常去實驗室閱讀一些最新的資料資訊，並幫著做一些雜事。

　　一天，一位年輕人來實驗室做實驗。他對正在掃地的法拉第說道：「幹這活，他們給你的錢一定不少吧？」老人笑笑，說道：「再多一些，我也用不著呀。」「那你叫什麼名字？老頭？」「麥可‧法拉第。」老人淡淡地回答道。年輕人驚呼起來：「哦，天哪！您就是偉大的法拉第先生！」「不」，法拉第糾正說，「我是平凡的法拉第。」

　　法拉第尚且如此，我們哪一個人敢說自己的知識已經夠用了？永遠都不要認為自己已經懂得夠多了。在浩如煙海的人類知識寶庫面前，我們每一個人都是無知的。如果你想讓自己不斷獲得進步，你就必須以一種空杯心態，樹立終身學習的概念，活到老學到老。

　　只有你具備了永不滿足的挑戰自我的精神，才會真正擁有空杯心態，才會永遠不自滿，永遠在進步，永遠保持身心的活力。在攀登者的心目中，下一座山峰，才是最有魅力的。攀越的過程，最讓人沉醉，因為這個過程，充滿了新奇和挑戰，空杯心態將使你的人生不斷漸入佳境。它可以讓你隨時對自己掌握的知識和能力進行重整，清空過時的，為新知識、新能力的進入留

出空間，保證自己的知識與能力總是最新、最優質的。

　　養成「空杯心態」後，你的學習效果會大不一樣。你不會再有偏見，不會總是拿新學得的知識印證自己過去的經歷，一樣的就接受，不一樣的就固執己見。你會接受一切新知識，然後再根據自己的需求去選擇。

　　虛懷若谷，方能胸懷天下。用空杯的心態去汲取智慧，你才能獲得更充足的營養。

職場診療室

如果你想學到更多的知識，不斷提升自己的職業能力，那就把自己想像成一個空著的杯子吧，這樣你才不會驕傲自滿，固步自封。每天進步一點點，日積月累，厚積薄發，成功自然就會離你越來越近。

第十一章　八小時裡的人生：自己掌控話語權

第十二章

職場潛規則：你不可能永遠避開權謀遊戲

要正直地生活，別想入非非！要誠實地工作，才能前程遠大。

—— 杜斯妥也夫斯基

我只有在工作得很久而還不停歇的時候，才覺得自己的精神輕
快，也覺得自己找到了活著的理由。

—— 契訶夫

你會與人過招嗎？

「有人的地方就有江湖。」幾乎每個單位內部都存在著兩種組織：層級分明的正式組織和「派別」形式的非正式組織。公司制度是顯規則，人性與利益製造了潛規則，後者看不見，卻更洶湧。

你一定有過這樣的感覺 —— 剛才對同事說過的話有點過火，或是你在侃侃而談的時候有些人已經變了臉色。就在你自以為光明磊落的時候，可能已經被列入了某人的黑名單。

要在職場中生存發展，你就不可能避開權謀遊戲，即使你不把別人當成競爭對手，別人也不會輕易放過你。在眾多對立面中活動，你必須善於處理各種矛盾，方能立於不敗之地。在不損害自己利益的前提下，又達到某種目的。這種情況，不但需要有隨機應變的本領，還需要有豐富的社會閱歷作後盾。

隨機應變應對派別之爭

「江湖」無處不在，職場也不例外。身處職場的你一旦稍不留神，就有可能陷入「萬劫不復」的境地。面對派系林立的職場爭鬥時，你需要把握兩點：一是要注意掌握時機，並且行事乖巧，不留痕跡；二是要注意對相互對立的各方都要投其所好。只要你掌握了這兩點，行走職場便遊刃有餘了。

對於一個企業來說，員工之間有矛盾是很正常的。但如果矛盾長期沒有得到解決，而形成各種派別，這就不正常了。許多追求晉升者從這種派別之爭中似乎看到了希望，看到了機遇，看到了竅門，一下子陷了進去，其結果往往是「自毀長城」、「自掘墳墓」。當然也有些人，開始的時候能保持中立，盡量不參與其中，然而由於求官心切，常常不經意地被「拖下水」，結果是

「偷雞不成蝕把米」。那麼，對於渴望進步的你，到底應該怎麼處理呢？

其實，置身於有矛盾、有派別的環境當中並不可怕，關鍵是你要掌握處理這種關係的技巧。以下就是一些職場成功人士總結的經驗之談：

(1) 不能在大是大非趨於明朗的情況下縮手縮腳，從而完全置身於客觀現實之外，使自己喪失機遇；

(2) 不要在無謂的同事紛爭當中浪費自己的精力，並且要盡量避免在兩敗俱傷中，使自己受到牽連。

掌握這種技巧的關鍵在於原則性和靈活性的結合，這也是任何一個和權力有關聯的人在社會生活中必須具備的素養。身在職場，最忌諱的就是主動地、有意識地在派系紛爭中去撈好處，這會令爭鬥的雙方以及其他同事一起「反作用」於你。

在某大型集團企業，有一位非常能幹的部門經理。他大學畢業進入公司後，不到 3 年就做到了部門經 - 理的位置，而且技術夠強，可謂前途似錦。在一次以「假如我是總裁」為主題的演講比賽中，他的演講不僅得到了評審委員們（由公司高層領導擔當）的一致認可，他在演講中提到的多條建議更是被公司在後續的工作流程設計中採用。從此他名聲大振，並被公認為是公司未來管理核心團隊成員的培養對象。

可是，就是這樣一個優秀的青年幹部種子，最後卻未能被提拔起來。究其原因，原來他陷入了集團高層之間的權利鬥爭。在研究他的晉升問題時，與他對立的一方總是極力反對。最終，他只好憤憤不已地另謀高就。

這位部門經理可謂技術與管理才能兼備，但是，他卻「犧牲」在公司內部的派系鬥爭中。實際上，他的這次失敗是早就注定的，因為他違背了下屬晉升成功的一條法則：在仕途上，下屬不能參與上級之間的紛爭。

要想不陷於公司內部的派系鬥爭，下屬對待上司和同事要做到密疏有

度，一視同仁，不搞特殊化。這就要求我們在工作上對待任何人都一樣支持，萬不可因人而異，「看人上菜」。現實生活中往往有人憑個人感情、好惡、喜怒出發，對某些上司或同事的工作給予積極協助、大力支持，而對另一些則袖手旁觀，甚至故意拆台、出難題，這一點是必須克服的。

另外，還有些人對主要上司或與自己相關的上司，態度十分熱情，而對於副職或與己無關的上司則十分冷淡。這種短視行為的後果是，一旦副職被扶正，或者原來的上司被撤換，你就「死翹翹」了。

職場診療室

假如你是位「性情中人」，總是憑著自己的個人喜好，對某些上司或同事的工作給予積極協助、大力支持，而對另一些則袖手旁觀，甚至故意拆台、出難題，那麼無論是你喜歡的人，還是你不喜歡的人，都不會高看你。因為職場從來都只講「利益」，而拒絕「性情」。

要想在職場上避免陷入派別之爭，你在工作中你要對所有同事一視同仁，千萬不要給人留下「看人上菜」的印象。即使你心裡不願意這麼做，但在面子上也要這樣表現。

正確處理矛盾和謠言

作為一名員工，你是否意識到了辦公室對你意味著什麼。它是令你無法迴避與拒絕的戰場，又是你樂在其中的「希望之城」。在不太大的辦公室內，各路菁英為了某個理想奮力搏擊。員工不能小覷將要展現他才能的辦公室。所以，保持辦公室內的正常競爭，消除可能產生矛盾的各種隱患，建立正常和平的人際關係，是職場人必須做到的事情。

辦公室裡發生矛盾衝突的一些常見原因有：

(1) 出現不公平現象。這是任何組織和任何部門都不可避免的事情。人們對於同一問題的認識難免有偏頗。這類矛盾難於裁定之處在於，各種方案都有一定的道理，你無法肯定地斷言哪一種提議是對是錯，所以適時地偏袒一方，是你處理這類問題的出發點。

(2) 同事地位的變化。原來平起平坐的同伴忽然升遷了，升遷的人固然高興，但勢必會引起他人的不滿情緒，使同事之間萌發不信任感。

(3) 企業變革給員工帶來精神上的陣痛。這在任何組織內部都可能發生。

以上就是幾種常見的矛盾導火線，身為職場人士，你做決定之前一定要反覆斟酌，考慮周全。否則，令人意想不到的「暗戰」隨時都有可能發生。

問題一旦出現就需要你立即去解決。成千上萬的問題需要設計至少同等數目的方法去解決，不過這些形形色色的方案也並不是無一共同之處。許許多多的實踐證明，有些方法你完全可以重複使用，有些步驟是你解決部門衝突的必經之路。總體來說，你可以循著以下思路來解決矛盾和化解衝突。

(1) 確定你最終決定解決問題的根本出發點。每當遇到矛盾的時候，你常會在取捨之間徘徊不定，這個時候以根本出發點為尺度衡量得失、權衡利弊之後，就會得出令人滿意的結論。

(2) 嘗試「搞定」各派中最具影響力的人。一群羊中往往有一隻強壯的領頭羊，無論它去哪，其他的羊就都會跟隨其後，趕羊人就是利用這一點，只要控制著頭羊的方向，就可毫不費力地領導整個羊群。

(3) 以討價還價的態度對待矛盾。實際上這就是遵守循序漸進的原則。

(4) 保持客觀公證。你會像所有正常人一樣有你的喜惡，有你的偏愛。如果你沒把握做到公正，那麼就去請教一些局外人的意見吧！

(5) 平衡各方面的利益。以集體利益為標準，保證各方都獲得利益，這

是促使他們各自作出讓步的好方法，站在別人的角度上去思考問題，可以讓你做決定的時候，顧全到所有人的顏面和利益。

職場診療室

作為一名員工，辦公室是令你無法迴避與拒絕的戰場，又是你樂在其中的「希望之城」。所以，保持辦公室內的正常競爭，消除可能產生矛盾的各種隱患，建立正常和平的人際關係，是每一位職場人必須做到的事情。

擺正位置，謹防越位

在工作中誰做什麼，誰不該做什麼，主管是有一定安排的。可是，有的人常常熱情過了頭，喜歡越俎代庖；也有人想顯示自己，到處指手畫腳，令人反感，招人討厭。這樣做往往會給自己造成不可收拾的嚴重後果。

有一次，昭侯喝醉酒，負責冠冕的人怕他著涼，就拿件衣服給他蓋上，昭侯醒來後發現身上蓋著東西，很是高興，就問是誰給他蓋的？有人回答：「是負責冠冕的人。」

昭侯不但沒有獎賞負責冠冕的人，反而還將他與負責衣服的人一同處罰了。

還有一次，昭侯出去打獵，馬車的韁繩鬆了，馬車內有人提醒說：「韁繩鬆了。」

馭者也說：「好像是鬆了。」

緊韁繩本該是馭者的事，可是到了狩獵場，馬車的陪乘者趁著昭侯打獵機會把韁繩重新調整好了。

昭侯打完獵，踏上歸途時，發現韁繩被調整好了，就問：「韁繩是誰調整

好的？」

陪乘者說：「是我。」

昭侯回去後，馬上責罰了那位陪乘者。

昭侯告誡說：「如果是自己分內的工作，就不能讓別人插手；即使是再小的事，也必須嚴守規矩；即使是在做正確的事，也不能越俎代庖。」

昭侯的處理是對的。馬屁拍得太明顯了反而不好，所以不要時時處處都「表現」自己，超越自己職守範圍，去做別人「應該」做的事，這種手法不會給你帶來好的結果，同時還會讓「應該」做的人認為你在搶占他的機會。身在職場，你要記住，不要做吃力不討好的事。

所以，我們在工作中一定要做到稱職不越位。下邊再介紹幾種常見的「越位」表現：

(1) 決策的越位。在有的企業中，職員可以參與決策，這時就應該注意，誰作什麼樣的決策，是要有限制的。有些決策職員可以發表意見，有些決策，職員還是不說話為妙。

(2) 表態的越位。表態，是表明人們對某件事的基本態度。表態要同一定的身分密切相關。超越了自己的身分，胡亂表態，是不負責任的表現，有「譁眾取寵」之嫌。對帶有實質性問題的表態，應該由主管或主管授權才行。而有的人作為下屬，卻沒有做到這一點。上級主管沒有表態也沒有授權，他卻搶先表明態度，造成喧賓奪主之勢，陷主管於被動。

(3) 工作的越位。哪些工作應該由你做，哪些工作應該由別人去做，這裡面很有玄機和奧妙。有的人不明白這一點，有些工作本來由主管去做更合適，他卻搶先去做，從而造成工作上的越位。結果吃力不討好，反讓主管嫌惡。

(4) 答覆問題的越位。這與表態的越位有些相同之處。對於有些問題的
　　答覆，往往需要有相應的權威才可以做出。作為職員、下屬，明明
　　沒有這種權威，卻要搶先答覆，這樣很容易對主管的工作安排造成
　　干擾，甚至需要主管去做補救，這種行為無疑十分愚蠢。

(5) 某些場合的越位。有些場合，諸如與客人應酬、參加會議，本來應
　　當適當突出主管，可是有些下屬卻表現得過於活躍，遇到自己熟悉
　　的客人，便搶先上前打招呼，不管主管在不在場。這樣過分表現自
　　己，而把主管晾在一邊，主管的臉色當然不會好看。

職場診療室

在工作中誰做什麼，誰不該做什麼，主管是有一定安排的。下屬的熱
情過高，表現過積極，會導致主管偏離帥位，大權旁落。主管常常會
把這些行為視為對自己權力的侵犯。假如你經常這樣而不自知，主管
必然會視你為「危險角色」，從而對你「嚴加防範」，如果你在主管心
目中成了被重點防範和壓制的對象，那你將永無出頭之日。

克服妨礙升遷的習慣

　　人們在長期的工作和生活當中，會慢慢養成各種習慣，好習慣當然要保
持，但壞習慣一定要克服。對於職場人士來說，一定要注意克服以下這些妨
礙自己升遷的壞習慣。

(1) 衣著不得體。衣衫不整、頭髮凌亂地出入辦公室，或是打扮怪異地
　　上班，都會令人看著不舒服。改善方法：辦公室著裝關鍵在於整潔
　　大方，過分新潮、怪異的裝束下班後再展示不遲。

(2) 慣性遲到。你是否經常上班或開會遲到，而且經常不能按進度完成

工作？遲到的壞習慣極容易引起上司和工作夥伴的不滿，他們會認為你自由散漫，吊兒郎當，沒有工作責任心。改善方法：較為寬鬆地猜想路途所需的時間，預留 10 分鐘作緩衝。若討厭「等待」，隨身攜帶一些文件或書籍，以免浪費時間。你要記住：上班早去幾分鐘，會給上司留下好印象。

(3) 過分保護自己。上司向你提出中肯的批評，你卻搬出一大堆理由辯駁，將責任推到別人身上，這說明你胸襟不夠寬廣，不樂於接受別人的批評，處處設防。這會妨礙你與上司的溝通，甚至引起衝突。改善方法：嘗試為自己的行為負責，別推卸責任。

(4) 孩子氣。總像孩子般依賴別人，缺乏獨立工作能力。當上司徵詢意見時，你不能提供肯定的立場和見解，或支支吾吾，或乾脆不理不睬。這種不成熟的表現，難以讓別人對你放心地委以重任。改善方法：培養獨立思考的習慣，寧願犯錯也要大膽表達自己的見解。

(5) 注意力不集中。許多工作同時展開，以致件件都亂了套。這說明你缺乏判斷問題輕重的能力，它會影響工作的質量。改善方法：處理工作要注意輕重緩急，每天先處理最緊要的工作，然後才處理其他事務。最重要的是集中精神，別老是心神恍惚。

(6) 錯別字。你已不再是處於求學階段的人，但在寫備忘錄、留言、商業信函或履歷表時，若仍然常有錯別字出現，就會令人覺得你粗心大意。改善方法：沒有做好校對是彆腳的藉口，下次編制文件時記住要細心閱讀多遍，如果沒有把握，請同事幫忙看一遍。

(7) 失憶症。問起你一些人名、電話或工作期限時，你總是啞口無言，然後猛·記錄，這會降低別人對你的信任程度，上司會懷疑你對工作無興趣、做事無條理。改善方法：細心聆聽別人的自我介紹，常用

的電話號碼標在醒目處，加深印象；嘗試寫工作日程表，以便提醒自己每天應做的事情。

(8) 做事拖拉。雖然你有能力完成手頭的工作，但進度遲緩會令人對你的工作能力產生懷疑。改善方法：將一件艱巨的工作化整為零，訂出完成每一小部分的時限，勿讓完美主義拖自己的後腿。

職場診療室

很多人在升遷上遇到了「玻璃屋頂」，即看不見的障礙，就好比一個人站在一間屋子裡，抬頭看見天空很高遠，幻想自己可以盡可能地升高，可是剛剛升起來沒多久，頭卻碰到了透明的天花板。對於大多數人來講，這種看不見的障礙多種多樣，涉及企業政治、制度、文化、環境變化、個人期望、性格、壓力等等。要想升得更高，就要超越這條看不見的停止線，才能離開這間屋子，到更廣闊的世界去。

妥善處理主管的誤解

作為下屬，被主管誤解是常見的事情，沒必要為此大驚小怪或惴惴不安，你所要做的就是，尋找機會向主管澄清事實，千萬能不能跟主管對著幹。

幾年前，小張從工廠調到企劃部，部長姓孟，是一個求賢若渴的人。他看見小張在報紙上發表的文章文筆不錯，就多方協調，終於將一個人才網羅到自己的麾下。幾年後，由於小張精明能幹，廠裡調他到廠辦公室工作，廠辦主任也很賞識他。

這時，小張忽然覺得，孟部長對自己似乎有點看法，經了解，才知道原來孟部長和廠辦主任之間有隔閡。孟部長認為，小張已經是廠辦主任的人

了，有點忘恩負義。之所以有這樣的成見，還得從那次送傘說起。

一次，廠裡中層幹部開會，正好趕上下雨天。小張就拿著雨傘去接上級主管，他只看見了雨中的廠辦主任，卻沒發現站在門口躲雨的孟部長，這雨中送傘就送出誤會來了。

小張了解到真實情況後，經過反覆考慮，他是這樣處理的：

每當有人說起自己與孟部長的關係時，他總是實事求是不承認兩個人之間有矛盾。這樣做一方面可以向孟部長表明自己的人品；另一方面可以阻止誤會的繼續擴大化。小張和孟部長見面時，他總是熱情地向部長問好，不管對方理與不理，臉上總是笑嘻嘻的。每次遇到工作上的宴請時，小張總是斟滿酒杯，當著客人的面向孟部長敬酒，並公開說明自己是孟部長培養和提拔的，自己今天的進步完全歸功於孟部長。小張的感激與態度，不僅是一種對客人的介紹，更重要的還是一種真情流露，表明他並非忘恩負義的小人。最後，孟部長終於盡棄前嫌，和小張成了一對忘年知己。

在多個主管手下工作，如果你不注意自己的言行舉止，很容易就在不經意間得罪某位主管。假如是主管誤解了你，你就要想辦法消除誤解，化干戈為玉帛。不然的話，誤會就會越來越深，從而影響到你的工作和升遷。

要想消除主管的誤解，你必須從以下六個方面來努力：

(1) 掩蓋矛盾。不要讓所有人都知道你與某個主管有矛盾，以免他們把這件事傳得沸沸揚揚，使事情擴大。

(2) 在公開場合給主管「面子」。即使主管誤解了你，在公開場合仍要尊重他。見面要主動打招呼，不管他的反應如何，你都要微笑著和他講話，使他意識到你對他的尊重。

(3) 挺身而出，幫他一把。誰都有遇到困難的時候，如果此時你不是隔岸觀火，看主管的笑話，而是挺身而出及時前去「救駕」，使他擺脫

困難，一定會令他大受感動。

(4) 背後褒揚主管。雖然主管的誤解使你不舒服，但為了搞好與他的關係，你不能在背後說他的不是，而應該經常在背地裡對別人說他的好處。這樣可以透過別人的嘴替你自己表真心。

(5) 尋找時機盡釋前嫌。待主管對自己慢慢有了好感之後，可以找一個合適的機會，與主管進行一次很好地溝通，弄清了主管對自己的看法以及誤解的原因後，耐心向他做解釋，證明你並不是有意的。只要你是坦誠的，主管是不會那麼小心眼的。

(6) 經常交流感情。誤解消除後，並不是就萬事大吉了。這時，你不能掉以輕心，而應趁熱打鐵，經常找理由與主管進行情感交流，以增進你們之間的友誼。

職場診療室

在多個主管手下工作，如果你不注意自己的言行舉止，很容易就在不經意中得罪某位主管。假如是主管誤解了你，你就要想辦法消除誤解，化干戈為玉帛，絕不能抱著「聽之任之」的態度隨它去。雖然主動向主管示好，有點「傷自尊」，但假如能為自己換來薪資的提高和職位的升遷，還是先將面子放到一邊吧。

以靜制動，嚴守底牌

很多橋牌手都有過這樣的經歷，當你坐莊打三家時，防守方一上來就奔吃一門五張套，定約一下，眼看著手上的贏墩拿不到，正在懊惱牌叫得不好，慌急之中又亂了方寸，被防守方乘機切斷了你的交通，唾手可得的八墩牌，現在僅拿到六墩。

壞消息常常影響情緒，輕則失望，重則沮喪，都會使你魂不守舍，影響競技水平的發揮。當然，也有很多多牌手在實戰中培養了自己堅韌的性格，始終保持著清醒的頭腦，克制情緒，對意外的打擊安之若素，使自己由「山窮水盡」轉為「柳暗花明」。

一次橋牌混雙大賽，一位牌手因叫牌失誤抬高了定約，正在懊悔不已，擔心搭檔責備時，搭檔卻似乎置身「事故」之外，經過一番思考之後，竟然打出了只在書上才看到過的雙緊逼打法，成功地完成了定約，挽回了損失不算，還獲得了意想不到的高分。

當一方陷搭檔於危難之中時，搭檔仍不動聲色，力挽狂瀾，令人敬佩。令人難忘的不只是那次比賽的勝利，而是搭檔在橋牌大戰中表現出的那種臨危不亂的大將風度。

如果一遇叫牌失誤便亂了陣腳，便不會有最後的勝利，相反，有條不紊的攻防可令對手誤以為對方點力與叫牌約定非常協調。

不到最後一刻，不要亮出自己的底牌。這是辦公室裡重要的生存原則之一！

公司老闆往往會對守口如瓶的人給予升遷加薪，這是非常有道理的，因為這類人的心智非常成熟，工作穩重可靠，堪當重任。

在很多大公司中，因為人多，難免會有爭權奪利、勾心鬥角的事情發生。而有許多人非常善於鑽營奔走、挑撥離間。每逢公司有人事上的升遷調動時，不僅流言滿天飛，同事見面亦是言不由衷，尷尬萬分。

何以會有這種情形發生？當然是有人泄露了人事上的機密，於是乎加油添醋，以訛傳訛，搞得人心惶惶，既破壞了公司的和諧氛圍，又影響到員工的士氣。

如果你是上級所賞識的人，遇到有升遷的機會時，你的上司必定會召見

你，對你的工作、生活等有所垂詢慰勉，此時不管你的上司是否對你有具體的承諾，你一定要守口如瓶。如果你能做到這個境界，才會讓上司覺得你是可擔當大事的人。這個人事動態便是你的一張底牌。

日本前首相佐藤榮作就是一個能夠嚴守祕密的人。當年他擔任運輸省次官時，吉田藏邀請他出任內閣官房長官，他按規定向運輸大臣提出辭呈，隻字不提自己被內定為官房長官的事情，甚至對其夫人也都閉口不談。他這種性格深為吉田藏所賞識，並最終使他登上了首相寶座，成為日本戰後在位時間最長的首相之一。

要做到嚴守底牌的最好辦法是以靜制動，或是乾脆置之不理。如果說你的地位重要到能夠引起人們的期待心理，那麼你更要如此。即使你必須亮出真相，也最好避免和盤托出，不要讓別人把你裡裡外外一覽無遺。

小心謹慎是靠小心緘默來維持的。你決心要做的事一旦披露，就很難獲得別人的尊重，而且還會使你招致批評。如果事後結局不佳，則更容易遭到雙倍的不幸。

聰明人應當對不懷好意的人置之不理，並且深藏起你個人的煩惱或家庭的憂慮，因為即使是命運女神有時也喜歡往你的痛處下手。你的那些好事或壞事，都應深藏不露，以免後者不脛而走，而前者煙消雲散。

一定不要和盤托出全部真情，因為吐露真言如同從心臟放血，需要極高的技巧。並非所有真相都可以對別人講。如果你過早地亮出自己底牌，就可能會輸掉人生的很多機會。

職場診療室

衝動是洩密的罪魁禍首。如果你想成就大事，就必須時時看緊自己心中衝動的魔鬼。置身職場，你必須懂得隱藏自己的心思。古人云，「君不密則失臣，臣不密則失身，機事不密則害成。是以君子慎密而不出也。」

如果你的上司準備提拔你，他必定會提前召見你，對你的工作、生活等有所垂詢慰勉。此時不管上司是否對你有具體的承諾，你都要守口如瓶。你只有做到這個境界，才會讓上司覺得你是可共大事的人。

8 小時人生

培養 90% 的人都欠缺的 CEO 思考，讓你不再與升遷擦肩而過

作　　者：余亞傑

發 行 人：黃振庭

出 版 者：崧燁文化事業有限公司

發 行 者：崧燁文化事業有限公司

E-mail：sonbookservice@gmail.com

粉 絲 頁：https://www.facebook.com/
　　　　　sonbookss/

網　　址：https://sonbook.net/

地　　址：台北市中正區重慶南路一段六十一號八
　　　　　樓 815 室

Rm. 815, 8F., No.61, Sec. 1, Chongqing S. Rd.,
Zhongzheng Dist., Taipei City 100, Taiwan (R.O.C)

電　　話：(02)2370-3310

傳　　真：(02) 2388-1990

印　　刷：京峯彩色印刷有限公司（京峰數位）

國家圖書館出版品預行編目資料

8 小時人生：培養 90% 的人都欠
缺的 CEO 思考, 讓你不再與升遷
擦肩而過 / 余亞傑著 . -- 第一版 . --
臺北市：崧燁文化事業有限公司 ,
2021.11
　　面；　公分
POD 版
ISBN 978-986-516-917-6(平裝)
1. 職場成功法
494.35　　110018279

定　　價：360 元

發行日期：2021 年 11 月第一版

◎本書以 POD 印製

電子書購買

臉書